安全生产百分百学习系列手册

生产安全事故警示学习手册

主编　闫宁　赵兴宏

中国劳动社会保障出版社

图书在版编目(CIP)数据

生产安全事故警示学习手册/闫宁，赵兴宏主编. -- 北京：中国劳动社会保障出版社，2018

(安全生产百分百学习系列手册)

ISBN 978-7-5167-3390-5

Ⅰ.①生… Ⅱ.①闫…②赵… Ⅲ.①企业安全-安全事故-案例 Ⅳ.①X931

中国版本图书馆 CIP 数据核字(2018)第 047465 号

中国劳动社会保障出版社出版发行

(北京市惠新东街 1 号　邮政编码：100029)

*

三河市潮河印业有限公司印刷装订　　新华书店经销

880 毫米×1230 毫米　32 开本　4.5 印张　98 千字

2018 年 3 月第 1 版　　2020 年 11 月第 4 次印刷

定价：15.00 元

读者服务部电话：(010) 64929211/84209101/64921644

营销中心电话：(010) 64962347

出版社网址：http://www.class.com.cn

内容提要

本书为“安全生产百分百学习系列手册”之一，主要介绍各行业企业典型生产安全事故分析与事故教训，通过事故分析，分析在各种类型的生产安全事故中的各种产生因素，进而确定事故的原因与责任。本书主要内容包括：生产安全事故相关知识，特别重大生产安全事故警示，重大生产安全事故警示和较大生产安全事故警示。

本书内容设计的事故案例较多，为了便于阅读，书中将事故按照分级进行了分块，运用通俗易懂的语言进行描述。通过学习，可以对生产安全事故产生机理及其责任进行深入了解。

本书适合企业职工“安全生产月”的安全生产知识普及与宣传教育使用，也可作为企业班组安全生产知识学习读本、企业新入厂职工安全教育培训使用。

目 录

第一章 生产安全事故相关知识

第二章 特别重大生产安全事故警示

第一章

生产安全事故相关知识

1. 事故的定义

对于事故，人们从不同的角度会有不同的理解，例如，会计师账目出错是工作事故，产品出现质量问题是质量事故等。在《辞海》中，事故的定义是“意外的变故或灾祸”。本书讨论的内容是生产安全事故，因此，以下把生产安全事故简称为事故。对于生产中的事故，常见的定义有以下几种：事故是可能涉及伤害的、非预谋性的事件；事故是造成伤亡、职业病、设备损坏、财产损失或环境破坏的一个或一系列事件；事故是违背人的意志而发生的意外事件；事故是人（个人或集体）在为实现某种意图而进行的活动过程中，突然发生的、违反人的意志的、迫使活动暂时或永久停止的事件等。

事故的定义具有以下几个方面的内涵：

（1）事故普遍存在

事故是一种发生在人们生产、生活活动中的特殊事件，人们的任何生产、生活活动过程都可能发生事故。因此，人们若想使活动按自己的意图进行下去，就必须努力采取措施来防止事故。

（2）事故产生的原因复杂

事故是一种突然发生的意外事件。这是由于导致事故发生的原因非常复杂，事故往往是由许多偶然因素引起的，其发生具有随机性。在一起事故发生之前，人们无法准确地预测事故发生的时间、地点及性质。事故的随机性使得认识事故、掌握事故发生规律及其预防变得非常困难。

（3）事故后果对生产、生活不利

事故不仅会使人们的生产、生活活动难以顺利进行，往往还可能造成人员伤害、财物损坏或环境污染等后果。

总之，事故都有破坏性，是人们不想看见的结果。因此，我们应当认识事故，预防和控制事故，研究控制事故的方法和措施。

2. 未遂事故、二次事故和非工作事故

在事故的管理中，有几类事故容易被人们所忽略，但又十分值得关注，即未遂事故、二次事故和非工作事故。

（1）未遂事故

未遂事故是指有可能造成严重后果，但由于其偶然因素，实际上没有发生或发生了却没有造成严重后果的事件。也就是说，未遂事故的发生原因及其发生、发展过程与某个特定的会造成严重后果的事故是完全相同的，只是由于某个偶然因素，没有造成该类严重后果。

研究未遂事故有很多困难。其一，最主要的问题是人们对未遂事故不重视。只要事故没有造成严重后果，许多人事后依然我行我素。其二，未遂事故数量庞大，对其进行调查、统计、分析研究需

要投入大量的人力、物力。其三，未遂事故的界定困难。在大量的各类突发性事件中，哪些属于未遂事故，在有些情况下是模糊的，对它的界定会因人们理解的程度、观察事物的角度不同而有所不同。其四，人们只关心那些可能会造成严重后果的未遂事故，但在大量的未遂事故中筛选出这类事故依赖于人的经验和直觉。

（2）二次事故

二次事故是指由外部事件或事故引发的事故。所谓外部事件，是指包括自然灾害在内的与本系统无直接关联的事件。二次事故可以说是造成重大损失的根源，大多数重特大事故主要是由于事故引发了二次事故造成的。

例如，某日，王某等 4 名无证上岗的电焊工在某商厦焊接分隔铁板时，电焊火渣点燃可燃物引发火灾，王某等人扑救无效后未报警即逃离现场，致使 309 人死亡、数十人受伤，后果极其严重。事故调查表明，受害者均系火灾产生的有害气体中毒或窒息而死。

再如，某企业厂房发生火灾后，在上百名职工清理火灾现场时，厂房因火灾导致材料强度大大降低而坍塌，造成数十人丧生。

从以上两起事故可以看出，如果能够正确地认识二次事故的危害性，完全可以采取相应的管理和技术措施，如设置报警装置、逃生设备、防毒面具等或经过适当地分析和评价之后才允许进入现场，避免上述二次事故发生，就能将损失减至最小。

（3）非工作事故

对于企业安全管理者来说，另一类值得关注的事故为非工作事故，即员工在非工作环境中，如旅游、娱乐、体育活动及家庭生活等诸方面活动中发生的人身伤害事故。

虽然这类事故不在生产安全事故（工伤）范围之内，但因此引起的员工缺工，对于企业的劳动生产率是有很大影响的，因失去关键岗位的员工所需的再培训对于企业的损失将会更大。

对于这类事故，最值得关注的因素就是，员工在企业安全管理制度的约束下，有较好的安全意识，但在非工作环境中，他们会产生某种“放纵”，加上对某些环境不熟悉、操作不熟练，都成了事故滋生的土壤。例如，一名维修工人在工作中使用梯子时会进行相应的安全检查，因为这是制度，不做就可能受到处罚。但在家中使用梯子时，员工可能因没有制度束缚而不进行安全检查，且家用梯子一般很少使用，因此更易发生事故。

3. 海因里希法则

说起事故，就不能不重视轻微后果事故或未遂事故，就不能不提到一个著名的学术观点，即海因里希法则。

美国著名安全工程师海因里希（Herbert William Heinrich）统计的 55 万件机械事故中，死亡和重伤事故 1 666 件，轻伤事故 48 334 件，其余则为无伤害事故。即在机械事故中，死亡和重伤、轻伤、无伤害事故的比例为 1∶29∶300，这就是著名的海因里希法则，如图 1—1 所示。

海因里希法则是根据同类事故的统计资料得到的结果，实际上不同种类的事故这个比例是不相同的。日本学者青岛贤司的调查表明，日本重型机械和材料工业的重、轻伤之比为 1∶8，而轻工业则为 1∶32。美国也有按事故类型进行的统计，见表 1—1。而同一企业中不同的生产作业，这个比例也会有所差异。

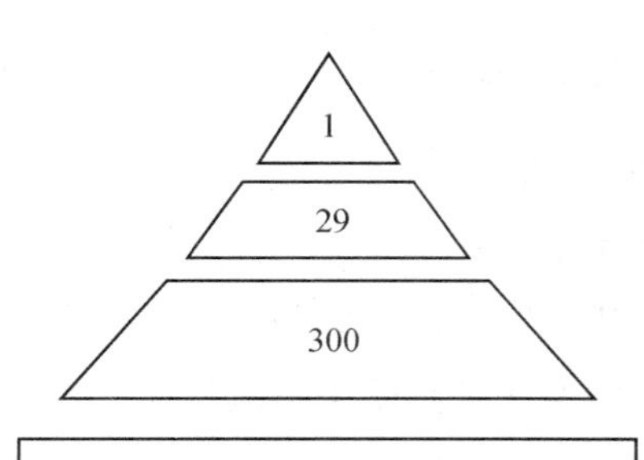

图 1—1　海因里希法则

表 1—1　事故类型及伤害严重度　单位：%

事故类型	暂时丧失劳动能力比例	部分丧失劳动能力比例	完全丧失劳动能力比例
运输	24.3	20.9	5.6
坠落	18.1	16.2	15.9
物体打击	10.4	8.4	18.1
机械	11.9	25.0	9.1
车辆	8.5	8.4	23.0
手工工具	8.1	7.8	1.1
电气	3.5	2.5	13.4
其他	15.2	10.8	13.8

例如，某工人在地板上滑倒，跌坏膝盖骨，造成重伤。调查表明，该工人经常弄湿地板而不擦干，且达 6 年之久。他在湿滑的地板上行走时经常滑倒，无伤害、轻微伤害及严重伤害的比例为 1 800∶0∶1。

再如，某机械师企图用手把传动带挂到正在旋转的带轮上，由于他站在摇晃的梯子上徒手操作，又穿了一件袖口宽大的衣服，结果被卷入皮带轮死亡。事故调查表明，他用这种方法挂皮带已达数年之久，查阅 4 年来的就诊记录，发现他曾被擦伤手臂 33 次，无伤害、轻微伤害与严重伤害的比例为 1 200：33：1。

一方面，海因里希法则阐明了事故发生频率与伤害严重程度之间的普遍规律，即一般情况下，事故发生后造成严重伤害的可能性是很小的，大量发生的是轻微伤害或者无伤害事故，这也是为什么人们容易忽视安全问题的主要原因之一。

另一方面，海因里希法则也指出，未遂事故虽然没有造成人身伤害和经济损失，但由于其发生的原因和发展的过程极有可能造成严重伤害或重大事故，因而必须对其进行深入研究，探讨其产生原因和发展规律，从而采取相应措施，消除事故原因或斩断事故发展过程，达到控制和预防事故的目的。

日本曾经掀起的“消灭 300”运动，其目的正在于此。美国有关学者也曾进行过类似的研究，他们在某企业对两组执行同样操作的员工做了一次对比试验，对其中的甲组进行正常管理，对乙组则要求及时上报未遂事故，经专家分析后采取相应措施。一年后的统计数据表明，乙组的事故率比甲组有明显的降低。

4. 事故的基本特征

大量的事故调查、统计、分析表明，事故有其自身特有的属性。掌握和研究这些特性对于指导人们认识事故、了解事故和预防事故具有重要意义。事故的基本特征有以下几种：

（1）普遍性

自然界中充满着各种各样的危险，人们的生产、生活过程中也总是伴随着危险。所以，发生事故的可能性普遍存在。危险是客观存在的，不同的生产、生活过程，危险性各不相同，事故发生的可能性也就存在着差异。

（2）随机性

事故发生的时间、地点、形式、规模和事故后果的严重程度都是不确定的。何时、何地，发生何种事故，其后果如何，都很难预测，从而给事故的预防带来一定困难。但是，在一定的范围内，事故的随机性遵循数理统计规律，即在大量事故统计资料的基础上，可以找出事故发生的规律，预测事故发生概率的大小。因此，事故统计分析对制定正确的预防措施具有重要作用。

（3）必然性

危险是客观存在的，而且是绝对的。因此，人们在生产、生活过程中必然会发生事故，只不过事故发生的概率大小、人员伤亡的多少和财产损失的严重程度不同。人们采取措施预防事故，只能延长事故发生的时间间隔，降低事故发生的概率，而不能完全杜绝事故。

（4）因果相关性

事故是系统中相互联系、相互制约的多种因素共同作用的结果。导致事故的原因多种多样。总体上，事故原因可分为人的不安全行为、物的不安全状态、环境的不安全条件和管理上的缺陷。逻辑上，事故原因又可分为直接原因和间接原因等。这些原因在系统中相互作用、相互影响，在一定的条件下发生突变，即酿成事故。通过事故调查分析，探求事故发生的因果关系，搞清事故发生的直接原因、间接原因，对于预防事故的发生具有积极作用。

（5）突变性

系统由安全状态转化为事故状态实际上是一种突变现象。事故一旦发生，往往十分突然，令人措手不及。因此，制定事故应急预案，加强应急救援训练，提高作业人员的应急反应能力和应急救援水平，对于减少人员伤亡和财产损失尤为重要。

（6）潜伏性

事故的发生具有突变性，但在事故发生之前存在一个量变过程，即系统内部相关参数的渐变过程，所以事故具有潜伏性。一个系统可能长时间没有发生事故，但这并非意味着该系统是安全的，因为它可能潜伏着事故隐患。这种系统在事故发生之前所处的状态不稳定，为了达到系统的稳定状态，系统要素在不断发生变化。当某一触发因素出现，即可导致事故。事故的潜伏性往往会造成人们产生麻痹思想，从而酿成重大恶性事故。

（7）危害性

凡是事故，特别是伤亡事故，都会在一定程度上给个人、集体和社会带来损失或危害，乃至夺去人的生命，威胁企业的生存或影响到社会的稳定。

（8）可预防性

尽管事故的发生是必然的，但可以通过采取控制措施来预防事故的发生或者延缓事故发生的时间间隔。通过事故调查，探求事故发生的原因和规律，采取预防事故的措施，可降低事故发生的概率。

5. 事故对人的伤害

根据事故发生后，人员受到伤害的严重程度和伤害后的恢复情况，可将伤害分为以下四类：

（1）暂时性失能伤害

受伤害者或中毒者暂时不能从事原岗位工作，经过一段时间的治疗或休息可以恢复工作能力的伤害。

（2）永久性部分失能伤害

导致受伤害者或中毒者肢体或某些器官的功能发生不可逆丧失的伤害。

（3）永久性全失能伤害

使受伤害者或中毒者完全失去劳动能力甚至生活自理能力的伤害。

（4）死亡

事故导致人员死亡，是人们最不愿意看到但是又不得不面对的残酷现实，从各类事故血的教训中不难看出，事故导致死亡不仅给企业和社会带来巨大的损失，还会使很多家庭支离破碎。重特大事故对社会乃至国家造成的负面影响不可估量。

6. 事故产生的工伤

在安全生产工作中，从事故统计的角度，把造成损失工作日达到或超过一天的人身伤害或急性中毒事故称为伤亡事故。其中，职工在工作时间、工作场所内，因工作原因所遭受的人身损害，以及

罹患职业病的意外事故称为工伤事故。

因此，工伤事故包括工作意外事故和职业病所致的伤残及死亡。这里所说的“伤”，是指劳动者在工作中因发生意外事故导致身体器官或生理功能受到的损害，分为器官损伤和职业病损伤两种情况，通常表现为暂时性的、部分的劳动能力丧失。“残”是指劳动者因工负伤或者患职业病后，虽经治疗、休养，但仍难痊愈，致使身体功能或智力不全。“残”包括肢体缺损和智力丧失两种情况，通常表现为永久性的部分劳动能力丧失或永久性的全部劳动能力丧失。

最新修订的《工伤保险条例》规定，对工伤的认定应符合以下规定：

（1）应当认定为工伤的情形

职工有下列情形之一的，应当认定为工伤：

1）在工作时间和工作场所内，因工作原因受到事故伤害的。

2）工作时间前后在工作场所内，从事与工作有关的预备性或者收尾性工作受到事故伤害的。

3）在工作时间和工作场所内，因履行工作职责受到暴力等意外伤害的。

4）患职业病的。

5）因工外出期间，由于工作原因受到伤害或者发生事故下落不明的。

6）在上下班途中，受到非本人主要责任的交通事故或者城市轨道交通、客运轮渡、火车事故伤害的。

7）法律、行政法规规定应当认定为工伤的其他情形。

（2）应当视同工伤的情形

职工有下列情形之一的，视同工伤：

1）在工作时间和工作岗位，突发疾病死亡或者在48小时之内经抢救无效死亡的。

2）在抢险救灾等维护国家利益、公共利益活动中受到伤害的。

3）职工原在军队服役，因战、因公负伤致残，已取得革命伤残军人证，到用人单位后旧伤复发的。

（3）不能认定为工伤的情形

职工虽然符合《工伤保险条例》应当认定为工伤或视同工伤的规定，但是有下列情形之一的，不得认定为工伤或者视同工伤：

1）故意犯罪的。

2）醉酒或者吸毒的。

3）自残或者自杀的。

按照《工伤保险条例》和相关法律、法规的规定，工伤职工有权利享受国家社会保障制度规定的工伤待遇。虽然如此，工伤事故的发生仍然是职工本人及其家庭、职工所在的用人单位，乃至全社会不愿看到的情形，工伤所造成的损失从来都是任何人难以接受的。

7. 事故的分类

根据事故发生后造成后果的情况不同，在事故预防工作中，把事故划分为伤害事故、损坏事故、环境污染事故和未遂事故。此外，事故还有多种不同的分类方法。

（1）按事故类别分类

《企业职工伤亡事故分类》（GB 6441—1986）按致害原因将事故分为 20 类，见表 1—2。

表 1—2　　按致害原因进行事故分类

序号	类别	备注
1	物体打击	指落物、滚石、捶击、碎裂、崩块、砸伤等，不包括爆炸引起的物体打击
2	车辆伤害	包括挤、压、撞、颠等
3	机械伤害	包括铰、碾、割、戳等
4	起重伤害	各种起重作业引起的伤害
5	触电	电流流过人体或人与带电体间发生放电引起的伤害，包括雷击
6	淹溺	各种作业中落水及非矿山透水引起的溺水伤害
7	灼烫	火焰烧伤、高温物体烫伤、化学物质灼伤、射线引起的皮肤损伤等，不包括电烧伤及火灾事故引起的烧伤
8	火灾	造成人员伤亡的企业火灾事故
9	高处坠落	包括由高处落地和由平地落入地坑等
10	坍塌	建筑物、构筑物、堆置物倒塌及土石塌方等引起的事故，不适用于矿山冒顶、片帮及爆炸、爆破引起的坍塌事故
11	冒顶片帮	指矿山开采、掘进及其他坑道作业发生的顶板冒落、侧壁垮塌等
12	透水	适用于矿山开采及其他坑道作业时因涌水等造成的伤害
13	爆破	由爆破作业引起，包括因爆破*引起的中毒等

续表

序号	类别	备注
14	火药爆炸	生产、运输和储藏过程中的意外爆炸等
15	瓦斯爆炸	包括瓦斯、煤尘与空气混合形成的混合物的爆炸
16	锅炉爆炸	适用于工作压力在0.07兆帕以上、以水为介质的蒸汽锅炉的爆炸等
17	压力容器爆炸	包括物理爆炸和化学爆炸
18	其他爆炸	可燃性气体、蒸汽、粉尘等与空气混合形成的爆炸性混合物的爆炸，炉膛、钢水包、亚麻粉尘的爆炸等
19	中毒和窒息	职业性毒物进入人体引起的急性中毒、缺氧窒息性伤害等
20	其他伤害	上述范围之外的伤害事故，如冻伤、扭伤、摔伤、野兽咬伤等

注：*在GB 6441—1986标准中为“放炮”。“放炮”在《煤炭科技名词》中已规范为“爆破”。

（2）按伤害程度分类

在《企业职工伤亡事故经济损失统计标准》（GB 6721—1986）中，把受伤害者的伤害分成三类。

1）轻伤。损失工作日低于105天的失能伤害。

2）重伤。损失工作日等于或大于105天的失能伤害。

3）死亡。发生事故后当即死亡，包括急性中毒死亡，或受伤后在30天内死亡的事故。死亡损失工作日为6 000天。

（3）按事故经济损失程度分类

根据《企业职工伤亡事故经济损失统计标准》（GB 6721—1986）的规定，事故可分为四类。

1）一般损失事故。经济损失小于1万元的事故。

2）较大损失事故。经济损失大于等于1万元，但小于10万元的事故。

3）重大损失事故。经济损失大于等于10万元，但小于100万元的事故。

4）特大损失事故。经济损失大于等于100万元的事故。

（4）按事故严重程度分类

2007年6月1日起开始实施的《生产安全事故报告和调查处理条例》（国务院令第493号）中，根据生产安全事故造成的人员伤亡或者直接经济损失，将事故分为以下等级：

1）特别重大事故，是指造成30人以上死亡，或者100人以上重伤（包括急性工业中毒），或者1亿元以上直接经济损失的事故。

2）重大事故，是指造成10人以上30人以下死亡，或者50人以上100人以下重伤，或者5 000万元以上1亿元以下直接经济损失的事故。

3）较大事故，是指造成3人以上10人以下死亡，或者10人以上50人以下重伤，或者1 000万元以上5 000万元以下直接经济损失的事故。

4）一般事故，是指造成3人以下死亡，或者10人以下重伤，或者1 000万元以下直接经济损失的事故。

国务院安全生产监督管理部门可以会同国务院有关部门，制定事故等级划分的补充性规定。目前，这类事故分类方法经常被用于企业生产安全事故的调查分析与处理中。

8. 事故发生的原因

在事故调查处理中，总是要分析事故发生的原因，通过对事故发生的原因分析来定位事故责任。

事故之所以发生，是多种原因、各种因素综合作用的结果，既不是单个因素造成的，也不是个人偶然失误或单纯设备故障所形成的。例如，一起煤矿瓦斯爆炸事故，经过调查，能够分析出很多种不安全因素，这些不安全因素包括：事发矿山整体安全生产管理混乱，如违法违章开采等；机械设备存在各种不安全的状态，如通风设备安置不合理、防爆电器失爆等；工人违章操作，如没有按操作规程作业、不正确佩戴劳动防护用品等。这些不安全因素共同作用，当工作面瓦斯超标，达到爆炸极限而没有及时采取措施时，就会导致瓦斯爆炸事故的发生。如果在事故发生后，应急救援系统不完善，不能及时而有序地进行事故应急救援，那么必然会造成严重的人员伤亡事故，给企业和国家带来难以弥补的经济损失。

事故的发生有着深刻的原因。一般来说，事故的原因包括直接原因和间接原因。

（1）直接原因

直接原因是指与事故的发生有着最直接的因果关系，在时间上最接近事故发生的原因，又称为一次原因。直接原因可分为三类。

1）物的原因。由于设备不良所引起的，也称为物的不安全状态。所谓物的不安全状态，是指使事故能发生的不安全的物体条件或物质条件。

2）环境原因。由于环境不良所引起的。

3）人的原因。由于人的不安全行为而引起的。所谓人的不安全行为，是指违反安全法律、法规或安全操作规程，使事故有可能或有机会发生的行为。

（2）间接原因

间接原因是指引起事故发生的相关方面的原因。间接原因主要有以下几种：

1）技术原因，包括主要装置、机械、建筑的设计存在缺陷，建筑物竣工后的检查、保养等不完善，机械装备的布置、工厂地面和室内照明及通风不合理，机械工具的设计和保养、危险场所的防护设备及警报设备、防护用具的维护和配备等存在技术缺陷。

2）教育原因，包括相关人员对安全有关的知识和经验不足，对作业过程中的危险性及其安全运行方法无知、轻视、不理解、训练不足，操作中存在坏习惯等。

3）身体原因，包括生产人员身体有缺陷，或由于睡眠不足而疲劳、酩酊大醉等。

4）精神原因，包括操作人员有怠慢、反抗、不满等消极心态，存在焦躁、紧张、恐惧等精神状况，或有狭隘、固执等性格缺陷。

5）管理原因，包括企业管理人员对安全的责任心不强，企业作业标准不明确，缺乏检查保养制度，劳动组织不合理等。

9. 导致事故发生的重要因素

（1）事故中人的因素

一般来说，凡是能够或可能导致事故发生的人为失误都属于不安全行为。《企业职工伤亡事故分类标准》（GB 6441—1986）中规定的 13 大类人的不安全行为如下：

1）操作错误，忽视安全，忽视警告。未经许可开动、关停或移动机器；开动、关停机器时未给信号；开关未锁紧，造成意外转动、通电或泄漏等；忘记关闭设备；忽视警告标志、警告信号；操作错误（如按钮、阀门、扳手、把柄等的操作）；奔跑作业；供料或送料速度过快；机械超速运转；违章驾驶机动车；酒后作业；客货混载；冲压机作业时，手伸进冲压模；工件紧固不牢；用压缩空气吹铁屑等。

2）造成安全装置失效。拆除安全装置；安全装置堵塞，失去作用；调整错误等造成安全装置失效。

3）使用不安全设备。临时使用不牢固的设施；使用无安全装置的设备等。

4）用手代替工具操作。用手代替手动工具；用手清除切屑；不用夹具固定，用手拿工件进行机加工等。

5）物体（如成品、半成品、材料、工具、切屑和生产用品等）存放不当。

6）冒险进入危险场所。冒险进入涵洞；接近漏料处（无安全设施）；采伐、集材、运材、装车时，未离开危险区；未经安全管理人员允许而进入油罐或井中；未“敲帮问顶”就开始作业；冒进信号；调车场超速上下车；易燃、易爆场所明火；私自搭乘矿车；在绞车道行走；未及时瞭望等。

7）攀、坐不安全位置（如平台护栏、汽车挡板、吊车吊钩）。

8）在起吊物下作业、停留。

9）机器运转时进行加油、修理、检查、调整、焊接、清扫等工作。

10）有分散注意力的行为。

11）在必须使用个人防护用品、用具的作业场所，忽视其使用。未戴护目镜或面罩，未戴防护手套，未穿安全鞋，未戴安全帽，未戴呼吸护具，未戴安全带，未戴工作帽。

12）不安全装束。在有旋转零部件的设备旁作业时，穿着过于肥大的服装；操纵带有旋转零部件的设备时戴手套。

13）对易燃、易爆等危险物品的错误处理。

在日常工作中，常常能看到由于人的不安全心理状态导致生产过程中出现“三违”（违章指挥、违章作业、违反劳动纪律）行为，而“三违”极容易造成事故的发生。常见的人的不安全心理有自我表现心理、经验心理、侥幸心理、从众心理、逆反心理、反常心理等。

（2）事故中物的因素

《企业职工伤亡事故分类》（GB 6441—1986）规定物的不安全状态包括以下内容：

1）防护、保险、信号等装置缺乏或有缺陷。无防护，如无防护罩、无安全保险装置、无报警装置、无安全标志、无护栏或护栏损坏等。防护不当，如防护罩未在适当位置、防护装置调整不当、防爆装置不当、电气装置带电部分裸露等。

2）设备、设施、工具、附件有缺陷。设计不当，结构不符合安全要求，如通道门遮挡视线、制动装置有缺陷、安全间距不够等。强度不够，如机械强度不够、绝缘强度不够、起吊重物的绳索不合安全要求等。设备在非正常状态下运行，如设备带“病”运转、超负荷运转等。维修、调整不良，如设备失修，地面不平，保养不当、设备失灵等。

3）个人防护用品、用具缺少或有缺陷，如无个人防护用品、用具，所用的防护用品、用具不符合安全要求等。

4）生产（施工）场地环境不良，如照明光线不良、通风不良、作业场所狭窄、交通线路的配置不安全等。

（3）事故中管理的因素

经过总结各种重大安全生产事故的调查报告，大部分事故是由于管理上的失误而导致的，不是天灾，而是人祸，大多数是人为引起的、完全可以避免的事故。

管理是否完善，体现在安全生产法律、法规的落实情况，安全生产管理体系（一种管理方法）、安全生产管理工作的有效性和可靠性，预防事故发生的组织措施（如教育和管理措施等）的完善性，操作者和管理者安全素质高低及对不安全行为的控制等方面。

管理的缺陷具体表现为，没有按规定对职工进行安全教育和技术培训，或未经工种考试合格就上岗操作；缺乏安全操作规程或安全操作规程不健全；安全措施、安全信号、安全标志、安全用具、个人劳动防护用品缺乏或有缺陷；对现场工作缺乏检查或指导错误；违章指挥，违反安全生产责任制，违反劳动纪律，玩忽职守。

10. 预防生产安全事故发生的重要意义

安全是人类生存与发展活动中永恒的主题，也是当今和未来社会重点关注的重要问题之一。人类在不断发展自身环境、进行生产创造的过程中，也一直与安全问题进行着不懈的斗争。

经过长期探索与研究，人们发现，在生产、生活过程中都存在着一定的危险性，是不以人的理想状态而消失的。但关键的是，危险是可以避免的，安全是可以通过努力实现的。

世界上没有绝对安全的事或者物，任何事或者物都包含有不安全因素，具有一定的危险性。危险性是对安全性的反面体现，当危险性低于某种程度时，人们就认为是安全的。这样来看，安全是危险达到人们可以接受程度的状态。总之，安全和危险是相对的，没有绝对的危险，也没有绝对的安全。

在我国，有关预防生产安全事故发生的工作被称为安全生产工作，由于其关系到广大职工群众的生命与财产安全，历来受到高度重视。

《辞海》中将“安全生产”解释为：为预防生产过程中发生人身、设备事故，形成良好劳动环境和工作秩序而采取的一系列措施和活动。《中国大百科全书》中将“安全生产”解释为：旨在保护劳动者在生产过程中安全的一项方针，也是企业管理必须遵循的一项原则，要求最大限度地减少劳动者的工伤和职业病，保障劳动者在生产过程中的生命安全和身体健康。

安全是企业生产的重要组成部分，安全生产包含在企业管理之中并贯穿始终。因此，研究安全生产管理必须以管理学的基本理论为指导，探索安全生产规律，以求有效地控制生产中安全事故的发生。

因此，安全生产的根本目的是保障从业人员在生产过程中的安全和健康。安全生产是安全与生产的统一，安全促进生产，生产必须安全，没有安全就无法正常进行生产。搞好安全生产工作，改善劳动条件，减少职工伤亡与财产损失，不仅可以增加企业效益，促进企业的健康发展，而且还可以促进社会的和谐，保障经济建设的安全运行。

我国的安全生产工作方针是"安全第一、预防为主、综合治理"，这是党和国家对安全生产工作的总体要求，企业和从业人员在劳动生产过程中必须严格遵循这一基本方针。

11. 从业人员的安全生产权利与义务

（1）从业人员的安全生产权利

党和政府一直高度重视劳动人民的生命财产权利，把生产过程中的安全放在首位，以法律的形式赋予了从业人员的安全生产权利。根据我国法律、法规规定，从业人员的安全生产权利主要有以下几个方面：

1）生产经营单位与从业人员订立的劳动合同，应当载明有关保障从业人员劳动安全、防止职业危害的事项，以及依法为从业人员办理工伤保险的事项。

生产经营单位不得以任何形式与从业人员订立协议，免除或者减轻其对从业人员因生产安全事故伤亡依法应承担的责任。

2）生产经营单位的从业人员有权了解其作业场所和工作岗位存在的危险因素、防范措施及事故应急措施，有权对本单位的安全生产工作提出建议。

3）从业人员有权对本单位安全生产工作中存在的问题提出批评、检举、控告，有权拒绝违章指挥和强令冒险作业。

生产经营单位不得因从业人员对本单位安全生产工作提出批评、检举、控告，或者因拒绝违章指挥、强令冒险作业等行使安全生产权利与义务的行为，而降低其工资、福利等待遇或者解除与其订立的劳动合同。

4）从业人员发现直接危及人身安全的紧急情况时，有权停止作业或者在采取可能的应急措施后撤离作业场所。

生产经营单位不得因从业人员在紧急情况下停止作业或者采取紧急撤离措施，降低其工资、福利等待遇或者解除与其订立的劳动合同。

5）因生产安全事故受到损害的从业人员，除依法享有工伤保险外，依照有关民事法律尚有获得赔偿的权利的，有权向本单位提出赔偿要求。

（2）从业人员的安全生产义务

法律赋予了从业人员安全生产的权利，同时也要求从业人员承担一定的安全生产责任，以共同预防生产安全事故，为企业的生产安全和社会的稳定发展做出应有的贡献。

1）从业人员在作业过程中，应当严格遵守本单位的安全生产规章制度和操作规程，服从管理，正确佩戴和使用劳动防护用品。

2）从业人员应当接受安全生产教育和培训，掌握本职工作所需的安全生产知识，提高安全生产技能，增强事故预防和应急处理能力。

3）从业人员发现事故隐患或者其他不安全因素，应当立即向现场安全生产管理人员或者本单位负责人报告。接到报告的人员应当及时予以处理。

第二章

特别重大生产安全事故警示

12. 某煤矿特别重大瓦斯爆炸事故

2016 年 12 月 3 日，位于我国北部边疆某煤矿（以下简称事发煤矿）发生特别重大瓦斯爆炸事故。事故共造成 32 人死亡、20 人受伤。依据《企业职工伤亡事故经济损失统计标准》（GB 6721—1986）等标准和有关规定统计，事故造成直接经济损失 4 399 万元。

事故调查组经调查分析，查清了事发煤矿存在越界违法开采等情况，认定该事故是一起严重的生产安全责任事故。

（1）事故经过

2016 年 12 月 3 日 7 时 30 分，事发煤矿矿长吕某主持召开调度会，由生产副矿长董某安排井下当班生产任务。当班入井 179 人，其中合法生产区域 12 人，主要进行系统维护；越界违法生产区域 167 人，主要进行生产作业。越界违法生产区域中，6040 巷采工作面 16 人，6040 综放工作面 42 人，6040 第一部至第三部皮带巷区域（含轨道巷）27 人，6041 准备工作面 36 人，清理皮带巷浮煤 7 人，其他区域 39 人。

8时30分左右，16人到达6040巷采工作面开始作业，42人到达6040综放工作面，开启刮板输送机运出工作面落煤，随后进行检修采煤机、打护帮锚杆、缩皮带等作业。10时左右，6040巷采工作面准备放炮时，局部通风机停电停风，6040巷采工作面所有人员撤至盲巷口休息、吃饭。

11时左右恢复供电后，电工顾某（事故中遇难）启动局部通风机，恢复6040巷采工作面通风。此时，6040综放工作面打眼工张某、李某在第7＃综放支架附近的煤壁打工作面护帮眼，打眼监护工闫某在第8＃综放支架处面向打眼工监护顶板，电焊工张某和杨某（均在事故中遇难）在第12＃综放支架处使用电焊维修支架，电工张某在回风端头处向减速机注油，瓦检员刘某在工作面巡检。

11时7分左右，闫某看到正在打护帮眼的张某、李某突然向6040工作面回风顺槽方向奔跑，同时听到“噗”的一声，回头看到一团火球从电焊工张某和杨某的位置窜过来。闫某烧伤昏迷。电工张某正在回风端头支架下作业，一股强风吹掉了安全帽，头发烧焦。正在回风顺槽与联络巷交叉口处的液压泵工王某，被从联络巷风门方向冲过来的强风冲倒受伤。刘某在第3＃综放支架处，感觉到头顶像有一团火，压得喘不上气来，随后受伤。放炮员张某正从进风端头准备进入工作面，看到前面一片火光，随即被强风冲倒，受伤昏迷。打点工谢某在进风端头处，看到一道火光从工作面出来，被冲倒后受伤昏迷。在盲巷板闭前休息、吃饭的工人郭某、宗某，听到“轰”的一声响，被风吹倒，并看到巷道顶部火苗乱窜。

11时10分左右，运输队副队长马某在6040第二部皮带机头处听到爆炸声，看到煤尘扬起，急忙通知运输队人员撤出，11时30分向矿调度室电话报告。技术科副科长刘某在东区变电所附近听到

爆炸声后，赶到东区变电所，11 时 30 分左右向调度室电话报告。

调度室接到井下事故报告电话后，向矿总工程师刘某和安全副矿长张某报告，并通知井下作业人员立即升井。11 时 40 分，该矿向煤矿上级公司报告。11 时 45 分，矿总工程师刘某带领通风科 3 名工人下井，修复被冲击破坏的风门。12 时 10 分，该矿切断了灾区的全部电源。井下矿工组织自救和互救，成功救出 15 名受伤矿工。

该事发煤矿分别于 12 时 23 分、12 时 27 分、12 时 55 分，向属地安全生产监督管理局、相邻煤业集团公司救护大队报告了事故。12 时 45 分，救护队员入井进行灾区侦查搜救；14 时 02 分，属地省人民政府应急办向国务院有关部门电话报告事故信息，并立即启动事故应急响应，成立应急处置指挥部。指挥部先后派出 6 个小队共 76 名救护队员参加抢险救援。至 14 时 35 分，相继发现 17 名遇难矿工和 2 名伤员。至 19 时 25 分，又相继发现 12 名遇难矿工和 3 名伤员。23 时 40 分，发现最后 3 名遇难矿工。至此，灾区所有巷道侦查搜救完毕，共发现 32 名遇难矿工，抢救出 5 名伤员。

12 月 4 日 9 时 30 分，32 名遇难矿工遗体全部升井，抢险救援工作结束。至此，事故共造成 32 人遇难、20 人受伤。

（2）事故直接原因

事故直接原因是事发煤矿借回撤越界区域内设备名义违法组织生产，6040 巷采工作面因停电停风，造成瓦斯积聚。1 小时后恢复供电通风，积聚的高浓度瓦斯排入与之串联通风的 6040 综放工作面，遇到违规焊接支架时产生的电焊火花引起瓦斯燃烧，产生的火焰传导至 6040 工作面进风顺槽，引起瓦斯爆炸。

瓦斯爆炸原因及相关因素如下：

1）火源。6040 综放工作面电焊作业产生的火花引起瓦斯燃烧，燃烧的火焰传导至 6040 工作面进风顺槽引起瓦斯爆炸。

2）瓦斯源。6040 巷采工作面停风造成大量瓦斯积聚。未按规定排放瓦斯，直接开启局部通风机“一风吹”，使 6040 巷采工作面高浓度瓦斯排入 6040 综放工作接排面。

3）氧气条件。事故发生前，6040 综放工作面正常通风，有人员作业，风流中的氧气浓度满足瓦斯爆炸供氧条件（氧气浓度大于 12%）。

4）爆炸过程。6040 巷采工作面排放的瓦斯进入 6040 综放工作面，遇到违规焊接支架时产生的电焊火花引起燃烧，逆风向 6040 工作面进风顺槽迅速传导，引起 6040 巷采工作面口往工作面方向 25～67 米的区域达到爆炸浓度范围内的瓦斯发生第一次爆炸。爆炸冲击波将盲巷板闭摧毁，盲巷内积存的瓦斯涌出发生第二次爆炸。

（3）事故间接原因

事发煤矿经事故调查组调查存在以下主要问题：

1）长时间、长距离、大范围、大规模疯狂进行越界违法开采。事发煤矿违反《中华人民共和国矿产资源法》第十九条的规定，从 2008 年开始超越采矿许可证规定的采矿范围，最长越界直线距离近 2 千米，越界区域面积约 1.45 千米^2。违反《煤矿安全规程》的相关规定，事故发生前，越界区域布置 2 个综采放顶煤工作面、1 个巷采工作面、3 个综合机械化掘进工作面和 2 个炮掘工作面。

之前，该矿越界开采的行为被有关部门查处过，并被做出“责令立即停止越界开采，封闭所有越界开采区域”的指令。然而从 3 月底开始仍然以撤回设备的名义，继续在越界区域违法组织生产。

2）弄虚作假，掩盖越界区域，销毁证据，蓄意逃避监管。事发煤矿采用假密闭、假图纸、假数据、假回撤等手段隐蔽越界区域，蓄意逃避监管。该矿在通往越界区域的巷道内建有经过伪装的假密闭，越界区域内未安设安全监控系统和人员位置监测系统，并隐匿各类图纸、资料、台账、数据。事故发生后，该矿违反《中华人民共和国安全生产法》（以下简称《安全生产法》）的相关规定，隐匿监控设备硬盘，销毁越界区域的测风记录等资料。

3）越界区域内管理混乱，冒险蛮干。事发煤矿长期采用国家明令禁止的“巷道式采煤”工艺，通风瓦斯管理制度未落实。违反《煤矿安全规程》的相关规定，6040巷采工作面与6040综放工作面串联通风；6040巷采工作面采用“一风吹”的方式违规排放瓦斯，未检查甲烷浓度，未停电撤人；管理人员未配备便携式甲烷检测报警仪；6040巷采工作面使用一台局部通风机同时向两个采掘作业地点供风，且局部通风机无“三专两闭锁”；6040联络巷风门等通风设施漏风严重；越界区域经常不测风，即使测风后也不记录、不上报。

4）电气设备管理制度不落实。违反《煤矿安全规程》的相关规定，违规使用电焊，仅2016年11月11日至27日，有14天在6040综放工作面使用电焊；不执行停送电报告、审批制度，随意停送电；电缆、开关等电气设备失爆现象严重；越界区域无供配电系统图和电气设备布置图，随意布置电气设备。

5）强令工人冒险作业，“要钱不要命”。违反《煤矿安全规程》的相关规定，回撤已回采完毕的6039工作面设备时，一氧化碳浓度最高达0.05%，工人出现不同程度头疼、恶心等症状，不仅未立即停止作业、排除隐患，反而让工人服用脑立清、葡萄糖、氨酚待因等药物，继续组织工人冒险作业。

（4）事故主要教训与警示

1）应牢固树立安全发展理念，加强安全生产工作，坚守发展决不能以牺牲安全为代价这条红线，切实维护人民群众生命财产安全。

2）应严厉查处违法违规行为，严格制止煤矿为了提高生产能力和利润超层越界行为。超层越界开采和盗采煤炭资源属严重的犯罪行为，因其极易造成安全管理上的“真空”，甚至出现安全生产设备设施无法跟进、作业人员冒险蛮干等违反安全生产法律、法规的行为，最终可能酿成生产安全事故。应拓宽通畅举报通道，加大举报奖励力度，用好群众举报这个有力手段。群众举报违法违规生产经营建设行为，能够有效协助防止明退暗开、偷挖盗采等违法行为，使暗藏的非法违法活动无藏身之地。

3）应从严从细管理，杜绝“三违”（违章指挥、违规操作、违反劳动纪律）。避免在煤矿生产中采用“五假”（假密闭、假图纸、假数据、假报告和假整改）手段蓄意逃避监管检查的情况，切实盯住重大事故隐患排查与治理。企业在组织安全生产检查时要实，在安全生产谋划部署上要实，针对性要强，要求要具体，措施要管用。

4）《煤矿安全规程》是对煤炭生产经验和科学研究成果的总结，是广大煤矿职工集体智慧的结晶，也是煤矿职工用鲜血和汗水换来的教训，是必须严格遵守和执行的。《煤矿安全规程》是煤矿安全法律、法规体系的组成部分，所有煤矿企事业单位和职工的生产行为都不能与之相背离。本次事故中事发煤矿的越界开采、开采工艺违规、通风管理制度欠缺、瓦斯排放与检测不到位、通风机供风违规、电气设备失爆等安全生产管理措施欠缺，从业人员违章使用电焊、甲烷检测不到位、违规停送电等违章行为，均属于《煤矿安全规程》严令禁止的内容，最终导致特别重大生产安全事故。

13. 某市渣土受纳场特别重大滑坡事故

2015 年 12 月 20 日，某市渣土受纳场发生特别重大滑坡事故，造成 73 人死亡，4 人下落不明，17 人受伤，33 栋建筑物（厂房 24 栋、宿舍楼 3 栋、私宅 6 栋）被损毁、掩埋，90 家企业生产受影响，涉及员工 4 630 人。事故造成直接经济损失 8.81 亿元。

经事故调查组认定，这起事故是一起城市建筑余泥渣土受纳处理特别重大生产安全责任事故。

（1）事故经过

事发渣土受纳场（以下简称受纳场）位于某市下辖某村南侧的山北坡，所处位置原为采石场，经多年开采形成“凹坑”并存有积水约 9 万米^3。该“凹坑”东、西、南三面环山封闭，北面有高于“凹坑”底部约 17 米的东西向坝形凸起基岩，且基岩凸起处地形变窄，并由此向北地势逐渐下降，坡度达 22 度。

事故发生前受纳场渣土堆填体由北至南、由低至高呈台阶状布置，共有 9 级台阶。其中，1～6 级台阶已经成型，斜坡已复绿。上部 7～9 级台阶正在进行堆填、碾压，已见雏形。0 级台阶高程为 56.9 米，堆填体实际最高高程为 160 米。滑坡前受纳场总堆填量约为 583 万米^3，主要由建设工程渣土组成，掺有生活垃圾约 0.73 万米^3，占 0.12%。

2015 年 12 月 20 日 6 时许，受纳场顶部作业平台出现裂缝，宽约 40 厘米，长几十米，第 3 级台阶与第 4 级台阶之间也出现鼓胀开裂变形现象。现场作业人员向顶部裂缝中充填干土。9 时许，裂缝越来越大，遂停止填土。11 时 28 分 29 秒（该市公安局提供的现场监控视频显示），渣土开始滑动，自第 3 级台阶和第 4 级台阶之间、“凹坑”北面坝形凸起基岩处（滑出口）滑出后，呈扇形状继续向前滑移，滑移 700 多米后停止并形成堆积。滑坡体停止滑动的时间约为 11 时 41 分。滑坡体推倒并掩埋了其途经的村庄和附近工业园内 33 栋建筑物，造成重大人员伤亡。

在事故应急救援现场，指挥部第一时间将事故现场分成 35 个网格，打通 6 条救援通道，组织力量 24 小时连续开展现场救援，利用生命探测仪、搜救犬开展 9 次地毯式排查，调集飞艇现场测绘，并结合光学雷达、地质雷达、高密度电法等高科技手段探测，对被埋区域建筑物进行定位并开展救援。21 日，指挥部在滑坡现场确定 3 个重点搜救点，采取机械加人工网格式搜救方式开展搜救。22 日，挖出 3 栋不同构造的建筑物。23 日，指挥部在原 3 个重点搜救点基础上新增 4 个点，加快现场作业效率，多栋建筑物实现“露头”，并于当日 6 时 40 分在东二作业区成功救出一名幸存者。24 日，就近征集土地开辟临时弃土受纳场，增加外运泥土汽车单车载重，就地利用砖石渣土铺通道路，改善现场东侧作业条件，提高泥土外运效率。此后，现场救援除对掩埋者重点位置实施定点挖掘外，主要是调配抓筋机、挖掘机、推土机等大型设备，开展大规模的推土、翻土、运土作业，同时安排近 400 名观察员 24 小时坚守现场，辅助救援人员进行作业观察，尽最大努力找人、救人和搜寻遇难者遗体。

（2）事故直接原因

事故直接原因是：受纳场没有建设有效的导排水系统，场内积水未能导出排泄，致使堆填的渣土含水过饱和，形成底部软弱滑动带；严重超量超高堆填加载，下滑推力逐渐增大、稳定性降低，导致渣土失稳滑出。体积庞大的高势能滑坡体形成了巨大的冲击力，加之事发前险情处置错误，造成重大人员伤亡和财产损失。

调查发现，受纳场仅在渣土堆填体第3至第4级台阶铺设了盲沟排水设施，但没有起到作用，未建设场外坡顶截洪沟。未将基底原采石坑约9万米^{3}积水排出就堆填渣土，加之持续流入场内的地表水流、裂隙水、雨水和堆填渣土中的水分，导致堆填的渣土内部含水过饱和，在底部形成软弱滑动带。

根据该市《余泥渣土受纳场专项规划（2011—2020)》，事发受纳场规划库容为400万米^3，封场标高为95米。经查，事故发生时实际堆填量已达583万米^3，堆填体后缘实际标高已达160米，严重超库容、超高堆填。

（3）事故间接原因

事故主体责任单位为两家建设运营单位，林某、王某等人实际参与受纳场的建设运营。经查，上述单位和人员存在以下主要问题：

1）未经正规勘察和设计，违法违规组织受纳场建设施工。林某所在公司作为受纳场的建设、施工单位，违反《建设工程勘察设计管理条例》（2000年9月国务院令第293号公布实施，2015年6月国务院令第662号修订施行）等有关规定，未按工程建设程序委托勘察设计，未委托有资质的单位进行施工图设计；违反《建设工程质量管理条例》（2000年1月国务院令第279号）等有关规定，按照无效图纸组织施工，无资质施工。

2）现场作业管理混乱，违法违规开展受纳场运营。林某所在公司作为受纳场的实际运营企业，违反所属市《建筑废弃物受纳场运行管理办法》的有关规定，未在坡顶场外修建截洪沟等有效的拦、导、排水系统，未排除受纳场原有的大量积水；严重超量超高堆填加载，堆填体碾压不实、密实度低；未进行边坡监测和填埋区密实度检测；安全生产主体责任不落实，违反《安全生产法》有关规定，未开展安全生产教育和培训工作，未按规定开展日常检查、事故隐患排查。

3）无视受纳场安全风险，对事故征兆和险情应急处置错误。林某所在公司无视堆填体含水量高对受纳场安全稳定的影响，不顾超量超高堆填作业可能造成的危害，盲目追求经济效益；违反《安全生产法》等相关要求，未配备应急作业单元，未开展应急演练；未重视并整改事故发生前1个多月即出现的事故征兆。事发当日险情处置错误，未及时发出事故警示，未向当地政府和有关部门报告，贻误了下游工业园区和社区人员紧急疏散撤离的时机。

4）违法转包受纳场建设运营项目。王某所在公司作为受纳场建设运营服务的中标公司，违反《中华人民共和国招标投标法》相关规定，在受纳场运营项目中标后，整体转让中标项目，名为分包，实为整体转包，属于违法转包运营服务项目；违反《安全生产法》相关规定，在将受纳场运营服务项目转包给林某所在公司后，未与其签订专门的安全生产管理协议，没有对其进行安全检查。

（4）事故主要教训与警示

1）应牢固树立安全发展理念，建立健全安全生产责任体系。要牢固树立红线意识和安全发展理念，把安全生产工作摆在更加突

出的位置，切实维护人民群众的生命财产安全。要健全并落实“党政同责、一岗双责、失职追责”安全生产责任制，确保企业安全生产主体责任到位、党委政府的领导责任到位、有关部门的监管责任到位。要加强对余泥渣土受纳场等建设项目的安全风险辨识、分析和评估，把好规划、建设、运营等关口，从源头上杜绝和防范安全风险。

2）应严格落实安全生产主体责任，夯实安全生产基础。生产经营单位必须严格遵守国家法律、法规，把保护职工的生命安全与健康放在首位，决不能以牺牲职工的生命和健康为代价换取经济效益。要严格落实安全生产主体责任，建立健全安全生产责任制和安全生产规章制度，加大安全生产投入，加强从业人员安全生产、应急处置培训教育。要切实加强作业场所安全管理，提高从业人员现场应急处置能力和自救互救能力。要完善落实隐患排查治理制度，建立隐患排查治理自查自报自改机制，认真开展作业场所危险因素分析，加强安全风险等级防控。

3）应加强城市安全管理，强化风险管控意识。要从源头上杜绝事故隐患，完善工程质量安全管理制度，落实建设单位、勘察单位、设计单位、施工单位和工程监理单位五方主体质量安全责任，加强建设项目安全生产管理工作。

4）应加强应急管理工作，全面提升应急管理能力。要加强应急救援工作，健全统一指挥、反应迅速、协调有序、运作高效的应急处置机制，做到在事故发生后最大限度减少人员伤亡和财产损失。要完善应急预案，加强应急演练，提高应急准备的针对性、协同性和实效性，推动企业事故应对工作由“救灾响应型”向“防灾准备型”转变。

5）应加强中介服务机构监管，规范中介技术服务行为。勘察、设计、监理、环境影响评价、水土保持等中介机构要实现服务合法化和规范化，严禁为了私利而丧失服务水平。

6）建筑余泥渣土处理工程直接关系到人民生活和社会经济的可持续发展，据《中国建筑垃圾资源化产业发展报告（2014 年度）》统计，近几年我国每年建筑垃圾的排放总量为 15.5 亿～24 亿吨，约占城市垃圾的 40%。随着我国经济的发展，城市建筑垃圾排放同步增加，在庞大的数字面前，是城市建设余泥渣土受纳场的安全隐患日益增多，甚至安全生产事故频发。这就要求政府管理部门要加强安全监管，经营企业更要落实主体责任，坚决消除“渣土围城”以及由此给居民带来的生命威胁隐患。

14. 某发电厂冷却塔施工平台坍塌特别重大事故

2016 年 11 月 24 日，某发电厂三期扩建工程 7 号冷却塔发生施工平台坍塌特别重大事故。事故导致 73 人死亡（其中 70 名筒壁作业人员、3 名设备操作人员），2 名在 7 号冷却塔底部作业的工人受伤，7 号冷却塔部分已完工工程受损。依据《企业职工伤亡事故经济损失统计标准》（GB 6721—1986）等标准和规定统计，核定事故直接经济损失为 10 197.2 万元。

经事故调查组认定，这起事故是一起特别重大建筑施工生产安全责任事故。

（1）事故经过

2016 年 11 月 24 日 6 时许，某发电厂三期扩建工程施工现场，混凝土班组、钢筋班组先后完成第 52 节混凝土浇筑和第 53 节钢筋绑扎作业，离开作业面。5 个木工班组共 70 人先后上施工平台，分布在筒壁四周施工平台上拆除第 50 节模板并安装第 53 节模板。此外，与施工平台连接的平桥上有 2 名平桥操作人员和 1 名施工升降机操作人员，在 7 号冷却塔底部中央竖井、水池底板处有 19 名工人正在作业。

7 时 33 分，7 号冷却塔第 50～52 节筒壁混凝土从后期浇筑完成部位（西偏南 15～16 度，距平桥前桥端部偏南弧线距离约 28 米处）开始坍塌，沿圆周方向向两侧连续倾塌坠落，施工平台及平桥上的作业人员随同筒壁混凝土及模架体系一起坠落，在筒壁坍塌过程中，平桥晃动、倾斜后整体向东倒塌，事故持续时间约 24 秒。

事发后，救援指挥部调集 3 370 人参加现场救援处置，调用吊装、破拆、无人机、卫星移动通信等主要装备、车辆 640 台/套及 10 条搜救犬，按照“全面排查信息、快速确定埋压位置、合理划分救援区域、全力开展搜索营救”的救援方案，将事故现场划分为东 1 区、东 2 区、南 1 区、南 2 区、西区、北 1 区、北 2 区共 7 个区，每个区配置 2 个救援组轮换开展救援作业。救援人员按照“由浅入深、由易到难、先重点后一般”的原则，采取“剥洋葱”的方式，用挖掘机起吊废墟、牵引移除障碍物，每清理一层就用雷达生命探测仪和搜救犬各探测一次，全力搜救被埋压人员。

11 月 24 日 18 时、11 月 25 日 11 时，救援指挥部分别召开新闻发布会，通报事故救援和善后处置工作情况。截至 2016 年 11 月 25 日 12 时，事故现场搜索工作结束，在确认现场无被埋人员后，救援指挥部宣布现场救援行动结束。

（2）事故直接原因

经事故调查组调查认定，事故的直接原因是施工单位在 7 号冷

却塔第50节筒壁混凝土强度不足的情况下，违规拆除第50节模板，致使第50节筒壁混凝土失去模板支护，不足以承受上部荷载，从底部最薄弱处开始坍塌，造成第50节及以上筒壁混凝土和模架体系连续倾塌坠落。坠落物冲击与筒壁内侧连接的平桥附着拉索，导致平桥也整体倒塌。

（3）事故间接原因

1）作为施工单位，某建设公司是本次事故的主要责任单位之一，经事故调查组调查存在以下主要问题：

①安全生产管理机制不健全。7号冷却塔施工单位某建设公司未按规定设置独立的安全生产管理机构，安全管理人员数量不符合规定要求。未建立安全生产“一岗双责”责任体系，未按规定组织召开公司安全生产委员会会议，对安全生产工作部署不足。公司及项目部技术管理、安全管理力量与发展规模不匹配，对施工现场的安全、质量管理重点把控不准确。

②对项目部管理不力。公司派驻的项目经理长期不在岗，安排无相应资质的人员实际负责项目施工组织工作。公司未要求项目部将筒壁工程作为危险性较大分部分项工程进行管理，对项目部的施工进度管理缺失。对施工现场检查不深入，缺少技术、质量等方面内容，未发现施工现场拆模等关键工序管理失控和技术管理存有漏洞等问题。

③现场施工管理混乱。项目部指定社会自然人组织劳务作业队伍挂靠劳务公司，施工过程中更换劳务作业队伍后，未按规定履行相关手续。对劳务作业队伍以包代管，夜间作业时没有安排人员带班管理。安全教育培训不扎实，安全技术交底不认真，未组织全员交底，交底内容缺乏针对性。在施工现场违规安排垂直交叉作业，

未督促整改劳务作业队伍习惯性违章、施工质量低等问题。

④安全技术措施存在严重漏洞。项目部未将筒壁工程作为危险性较大分部分项工程进行管理。筒壁工程施工方案存有重大缺陷，未按要求在施工方案中制定拆模管理控制措施，未辨识出拆模作业中存在的重大风险。在2016年11月22日气温骤降、外部施工条件已发生变化的情况下，项目部未采取相应技术措施。在上级公司提出加强冬期施工管理的要求后，项目部未按要求制定冬期施工方案。

⑤拆模等关键工序管理失控。项目部长期任由劳务作业队伍凭经验盲目施工，对拆模工序的管理失控，在施工过程中不按施工技术标准施工，实际形成了劳务作业队伍自行决定拆模和浇筑混凝土的状况。未按施工质量验收的规定对拆模工作进行验收，违反拆模前必须报告总承包单位及监理单位的管理要求。

对筒壁工程混凝土同条件养护试块强度检测管理缺失，大部分筒节混凝土未经试压即拆模。

2）作为施工劳务输出单位，某劳务公司是本次事故的主要责任单位之一，经事故调查组调查存在以下主要问题：7号冷却塔劳务单位某劳务公司违规出借资质，以内部承包及授权委托的形式，允许社会自然人以公司名义与施工单位签订承包合同。仅收取管理费，未对社会自然人组织的劳务作业队伍进行实际管理。未按规定与劳务作业人员签订劳动合同。劳务作业队伍仅配备无资质的兼职安全员，凭经验、按习惯施工，长期违章作业。

3）作为施工建材提供单位，某建材公司是本次事故的主要责任单位之一，经事故调查组调查存在以下主要问题：7号冷却塔混凝土供应单位某建材公司在2016年4月份无工商许可、无预拌混凝土专业承包资质、未通过环境保护等部门验收批复、尚未获得设立批复的情况下违规向事发工程项目供应商品混凝土。生产经理不具备混凝土生产的相关知识和经验，内部试验室人员配备不符合规定要求。生产关键环节把控不严，未严格按照混凝土配合比添加外加剂，无浇筑申请单即供应混凝土。

4）作为施工工程总承包单位，某电力设计院是本次事故的主要责任单位之一，经事故调查组调查存在以下主要问题：

①管理层安全生产意识薄弱，安全生产管理机制不健全。工程总承包单位某电力设计院对安全生产工作不重视，未按规定设置独立的安全生产管理机构和安全总监岗位，频繁调整安全生产工作分管负责人。作为以勘察设计为主业的企业，在经营业务延伸到工程总承包后，对工程总承包安全生产管理的重要性认识不足，安全生产管理机制不完善，安全生产考核制度有效性不强。

②对分包施工单位缺乏有效管控。履行总承包施工管理职责缺位，未按规定要求施工单位项目部将筒壁工程作为危险性较大分部分项工程进行管理。对筒壁工程施工方案审查不严格，未发现筒壁工程施工方案中存在的重大缺陷。当地气温骤降后，未督促施工单位项目部及时采取相应的技术措施。组织安全检查不认真、不深入，未发现和制止施工单位项目部违规拆模和浇筑混凝土等不按施工技术标准施工的行为。

③项目现场管理制度流于形式。项目经理每月常驻施工现场时间不满足合同规定要求。项目部未按规定现场见证筒壁工程拆模作业，未对拆模作业进行验收，未严格执行施工现场混凝土浇筑申请的相关审核规定。未组织和督促相关单位合理评估 7 号冷却塔工期缩短的可行性、安全性，并未提出相应措施要求。对安全教育培训

和应急演练工作不重视，项目部自成立至事故发生，未组织开展过项目全员安全生产应急演练。

④部分管理人员无证上岗，不履行岗位职责。公司及项目部部分人员未取得相应岗位资格证书，工程部、质量安环部相关人员没有冷却塔施工管理相关工作经验，不具备满足岗位需要的业务能力，对相关业务要求不了解，对施工现场隐患整改情况不掌握。

5）作为施工监理单位，某监理公司是本次事故的主要责任单位之一，经事故调查组调查存在以下主要问题：

①对项目监理部监督管理不力。监理公司对项目监理部的人员配置不满足监理合同要求，项目监理部土建监理工程师数量不满足日常工作需要，部分新入职人员未进行监理工作业务岗前培训。公司在对项目监理部的检查工作中，未发现和纠正现场监理工作严重失职等问题。

②对拆模工序等风险控制点失管失控。项目监理部未按照规定细化相应监理措施，未提出监理人员要对拆模工序现场见证等要求。对施工单位制定的 7 号冷却塔施工方案审查不严格，未发现方案中缺少拆模工序管理措施的问题，未纠正施工单位不按施工技术标准施工、在拆模前不进行混凝土试块强度检测的违规行为。

③现场监理工作严重失职。项目监理部未针对施工进度调整加强现场监理工作，未督促施工单位采取有效措施强化现场安全管理。现场巡检不力，对垂直交叉作业问题未进行有效监督并督促整改，未按要求在浇筑混凝土时旁站，对施工单位项目经理长期不在岗的问题监理不到位。对土建监理工程师管理不严格，放任其在职责范围以外标段的《见证取样委托书》上签字，安排未经过岗前监理业务培训人员独立开展旁站及见证等监理工作。

6）作为施工当事单位，某发电厂是本次事故的主要责任单位之一，经事故调查组调查存在以下主要问题：

①未经论证压缩冷却塔工期。法定建设单位某发电厂要求工程总承包单位大幅度压缩 7 号冷却塔工期后，未按规定对工期调整的安全影响进行论证和评估。在其主导开展的“大干 100 天”活动中，针对 7 号冷却塔筒壁施工进度加快、施工人员大量增加等情况，未加强督促检查，未督促监理、总承包及施工单位采取相应措施。

②项目安全质量监督管理工作不力。对进场监理人员资格不符合监理合同要求的问题把关不严，未按合同规定每季度对现场监理人员进行评议。未在开工前对工程总承包单位进行安全技术交底，对施工方案审查把关不力，未发现施工方案缺少拆模工序管理措施的问题，未发现施工现场长时间垂直交叉作业的问题。对总承包单位和监理单位现场监督不力的问题失察。

③项目建设组织管理混乱。工程建设指挥部成员无明确分工，也未对有关部门和人员确定工作职责。总指挥全面负责项目建设，但其不是该发电厂人员，不对决策性文件进行签批，也不是该基建工程安全生产委员会成员。法定建设单位和发电厂扩建工程建设指挥部关系不清，相关领导权责不一。未按监理合同规定配备业主工程师，并组织对总承包、监理和施工单位开展监督检查。

（4）事故主要教训与警示

1）建筑施工及相关企业要进一步牢固树立新发展理念，坚持安全发展，坚守“发展决不能以牺牲安全为代价”这条不可逾越的红线，充分认识到建筑行业的高风险性，杜绝麻痹意识和侥幸心理，始终将安全生产置于一切工作的首位。

2）应完善电力建设安全监管机制，落实安全监管责任。要将电力建设安全监管工作摆在更加突出的位置，督促工程建设、勘察设计、总承包、施工、监理等参建单位严格遵守法律和法规要求，严格履行项目开工、质量安全监督、工程备案等手续。行政部门要加强现场监督检查，严格执法，对发现的问题和隐患，责令企业及时整改，重大隐患排除前或在排除过程中无法保证安全的，一律责令停工，并通过资信管理手段对企业进行限制。

3）应进一步健全法规制度，明确工程总承包模式中各方主体的安全职责。要研究制定与工程总承包等发包模式相匹配的工程建设管理和安全管理制度，完善与工程总承包相关的招标投标、施工许可（开工报告）、竣工验收等制度规定，为工程总承包的安全发展营造政策环境。要按照工程总承包企业对工程总承包项目的质量和安全全面负责，依照合同约定对建设单位负责，分包企业按照分包合同的约定对工程总承包企业负责的原则，进一步明确工程总承包模式下建设、总承包、分包施工等各方参建单位在工程质量安全、进度控制等方面的职责。要加强对工程总承包市场的管理，督促建设单位加强工程总承包项目的全过程管理，督促工程总承包企业遵守有关法律法规要求和履行合同义务，强化分包管理，严禁以包代管、违法分包和转包。

4）应规范建设管理和施工现场监理，切实发挥监理管控作用。监理单位要完善相关监理制度，强化对派驻项目现场的监理人员特别是总监理工程师的考核和管理，确保和提高监理工作质量，切实发挥施工现场监理管控作用。项目监理机构要认真贯彻落实《建设工程监理规范》（GB 50319—2013）等相关标准，编制有针对性、可操作性的监理规划及细则，按规定程序和内容审查施工组织设

计、专项施工方案等文件，严格落实建筑材料检验等制度，对关键工序和关键部位严格实施旁站监理。对监理过程中发现的质量安全隐患和问题，监理单位要及时责令施工单位整改并复查整改情况，拒不整改的按规定向建设单位和行业主管部门报告。

5）应夯实企业安全生产基础，提高工程总承包安全生产管理水平。各建筑施工及相关企业要准确把握工程总承包内涵，高度重视总承包工程安全生产管理的重要性，保障安全生产投入，完善规章规程，健全制度体系，加强全员安全教育培训，按照工程总承包企业对工程总承包项目质量和安全全面负责的原则，扎实做好各项安全生产基础工作。各建筑施工及相关企业特别是以勘察设计业务为主业的企业，要高度重视企业经营范围扩大、产业链延伸后所带来的安全生产新风险，要根据开展工程总承包业务的实际需要，及时调整和完善企业组织机构、专业设置和人员结构，形成集设计、采购和施工各阶段项目管理于一体，技术与管理密切结合，具有工程总承包能力的组织管理体系。

6）应全面推行安全风险分级管控制度，强化施工现场隐患排查治理。建筑施工企业要制定科学的安全风险辨识程序和方法，结合工程特点和施工工艺、设备，全方位、全过程辨识施工工艺、设备设施、现场环境、人员行为和管理体系等方面存在的安全风险，科学确定安全风险类别。要根据风险评估的结果，从组织、制度、技术、应急等方面，对安全风险分级、分层、分类、分专业进行有效管控，逐一落实企业、项目部、作业队伍和岗位的管控责任。要健全完善施工现场隐患排查治理制度，明确和细化隐患排查的事项、内容和频次，并将责任逐一分解落实，特别是对起重机械、模板脚手架、深基坑等环节和部位应重点定期排查。

7）混凝土是涉及工程与住房建筑、市政公用（轨道交通）工程结构安全的重要材料，违法生产和使用不合格混凝土产品，违规进行混凝土工程施工，会直接影响工程质量和结构安全，危害人民群众生命财产安全。施工单位应严格按照现行国家标准《混凝土质量控制标准》（GB 50164—2011）及相关技术标准的要求，加强施工现场混凝土质量控制，建立混凝土进场检验和使用台账，严格执行进场验收、坍落度检测和抗压、抗渗强度等见证取样检验制度。严格控制混凝土坍落度，严禁在泵送和浇筑过程中随意加水，严格按照有关规定进行浇筑施工和养护，确保混凝土施工质量。监理单位应认真履行监理职责，对混凝土试块现场取样、留置、养护和送检过程进行见证，对施工单位使用混凝土的情况进行监督，督促施工单位落实质量控制措施。

15. 某高速公路路段特别重大道路交通事故

2016 年 6 月 26 日，某高速公路路段发生一起客车碰撞燃烧起火特别重大道路交通事故。事故共造成 35 人死亡、13 人受伤，车辆烧毁，高速公路路面及护栏受损。截至 2016 年 7 月 14 日，依据《企业职工伤亡事故经济损失统计标准》（GB 6721—1986）等标准和规定统计，核定事故直接经济损失为 2 290 余万元。

经事故调查组认定，这起事故是一起特别重大道路交通运输生产安全责任事故。

（1）事故经过

2016 年 6 月 26 日 5 时 54 分，某旅游客运有限公司（以下简称事发公司）驾驶人刘某驾驶营运大客车从位于某市下辖某村的家中

出发，按照事发公司的包车派单计划，准备搭载乘客前往该市所在的某山区自然风景区开展漂流活动。刘某驾车在市区于7时左右陆续接到参加旅游的乘客，客车一共载57人（包括驾驶人刘某）。8时许，车辆由市区出发前往目的地景区。8时12分由该市的收费站进入某高速公路，9时21分驶入服务区休整，9时34分从服务区驶出。10时19分，当车辆行驶至事发地点某高速公路某段33千米856米处时失控，先后与道路中央护栏发生一次刮擦和三次碰撞。

刮擦：发生在33千米856米处，此时驾驶人未采取任何措施，车辆与道路中央的水泥混凝土墙式护栏（以下简称混凝土护栏）刮擦后继续前行。

第一次碰撞：发生在33千米905米处。车辆发生碰撞前，车身左侧先剐撞道路中央的可移动式活动护栏（以下简称活动护栏），损坏长度为520厘米，损坏部分被撞至对向快车道，车身左前部侵入中央分隔带。之后，车身左前部与连接活动护栏的混凝土护栏端头发生碰撞，造成车辆左前角被混凝土护栏割裂，左前轮爆胎，左前轮向后移位、右前轮向前移位，左油箱受左前轮挤压变形破损开始少量漏油。此时驾驶人向右打方向，但无法有效控制车辆，车辆继续紧靠中央护栏沿道路向前行驶。

第二次碰撞：发生在33千米939米处，车身左前部与道路中央可移动的混凝土护墩（以下简称混凝土护墩）碰撞，左油箱因碰撞挤压破裂开始大量漏油。

第三次碰撞：发生在33千米956米处，车身左前部再次与道路中央的混凝土护墩碰撞。此次碰撞后，车辆冲上途径的公路大桥桥面继续向前行驶。

在大桥桥面行驶过程中，驾驶人刘某采取了制动措施，车辆逐渐减速并向右前方变线，在车辆右前角接近大桥路侧混凝土护栏时停止，并于10时20分左右起火燃烧，由于车上人员未能及时疏散逃生，造成重大人员伤亡。

经查，6月26日9时至11时，事发路段所在地最高气温30.9℃，最低气温25.9℃，平均气温28.4℃，天气晴朗，无降水、雷电天气，能见度良好。

事故车辆停止后，车上乘客要求驾驶人刘某打开车门，刘某尝试打开车门但没有成功，向乘客答复门打不开，随即从左侧驾驶人窗口逃出车外。在此过程中，坐在副驾驶位置的旅游团领队黄某用灭火器砸前挡风玻璃欲破窗逃生但未砸破，也从驾驶人窗口逃出。车前排座位乘客拥挤至驾驶人位置，争抢着从驾驶人窗口逃生，先后共有15人（含驾驶人刘某和旅游团领队黄某）逃出。此时，路过事故路段附近的一辆公路养护车和一辆运钞车先后赶来救援，公路养护车和运钞车上人员将事故车辆右后部倒数第一和第二块车窗玻璃打破，先后有7人被救出生还。

10时45分，省高速公路交通警察局某支队大队民警赶到现场，立即对道路实行了双向交通管制。公安交通管理部门陆续向现场增派了50余名警力，全力开展救援、警戒和分流示警等工作。同时，现场交警拨打119、120电话，并将事故情况通知了高速公路路政及所在县应急办等相关联动部门和单位。

市和县党委、政府接到报告后，迅速组织应急、安全监管、公安、消防、医疗、民政等相关部门人员赶到现场，全力开展现场救援及善后工作。省人民政府及相关职能部门立即启动突发公共事件总体应急预案，指导事故救援处置。11时07分，现场明火被扑灭，交通管制车辆开始单向放行。

（2）事故直接原因

1）车辆刮擦碰撞原因分析。经调查认定，驾驶人刘某疲劳驾驶是导致车辆刮擦碰撞的主要原因。刘某于6月23日从某区出发，接旅游团跨省游玩，直至6月25日23时左右才返回家中，累计已经行驶1 000余千米。在此期间，刘某连续3天于早晨7时前带团出发，其间除长时间驾驶车辆外，还陪同游客到景区游玩，晚上睡觉的时间均在凌晨0时以后，身体没有得到充分休息。据调查，6月25日23时左右，刘某回家后又用手机浏览新闻、观看视频，直至6月26日凌晨1时左右才睡觉。5时20分，刘某被闹钟叫醒，但自己感觉没有睡醒，便将闹钟关掉后继续睡觉，直到5时48分接到一名乘客询问乘车情况的电话后才起床，当晚实际共休息约4小时20分，睡眠严重不足，加之此前已连续多日未充分休息，造成过度疲劳影响安全驾驶的问题。

2）车辆起火燃烧原因分析。经调查认定，事故车辆右前轮轮毂与地面摩擦产生高温，引燃了车辆油箱内泄漏流淌到地面上的柴油，这是造成车辆起火燃烧的主要原因。

3）车辆乘客不能及时疏散原因分析。车辆右前角紧挨路侧护栏，车门无法有效打开，车上乘客不能及时疏散，且安全锤未按规定放置在车厢内，乘客无法击碎车窗逃生，造成重大人员伤亡。

（3）事故间接原因

1）事发公司违规安排事故车辆发车运营，未按有关规定要求开展企业日常安全管理工作。

①未按规定对事故车辆开展安全检验。事故车辆在事发前三天一直在外地行驶，6月25日晚上返回后，车辆没有按规定进行回场安全例检，事发公司仍违规安排事故车辆第二天发班。该公司未按

规范要求定期检查车内安全和应急设施，致使事故车辆安全锤未按规定放置等安全隐患没有得到及时整改。

②未落实车辆动态监控管理规定。事发公司仅配备 1 名监控人员，还兼职公司董事长司机、办理包车客运标志牌和部分文职工作。动态监控人员未正确履行职责，没有及时报修事故车辆动态监控装置不能定位的故障。该公司在事故车辆卫星定位装置出现故障的情况下，仍然违规安排车辆于 6 月 26 日发班。

③非法打印旅游包车客运标志牌。事发公司未经交通运输部门审核，自行非法打印了事故车辆 6 月 26 日当天的市际旅游包车客运标志牌。

④事发公司未考虑事故客车驾驶人刘某在 6 月 23 日至 6 月 25 日连续驾驶且没有得到充分休息的情况，仍安排其于 6 月 26 日发班，驾驶员休息制度和防疲劳驾驶制度未有效落实。

⑤未落实应急管理各项规定要求。事发公司应急处置制度不健全，相关规定在日常生产经营中均未得到有效落实。应急预案操作性不强，也没有组织开展应急救援演练。

2）交通运输部门在旅游包车客运标志牌发放和对运输企业日常安全检查等工作中未按规定履行职责。未按规定监督和指导道路运输管理处依法履行对道路客运企业的监管职责，对监管客运企业安全生产工作流于形式、不按规定履职造成重大安全隐患的问题失察。

公安交通管理部门对旅游大客车的执法检查和路面执法管控存在薄弱环节，未发现事故车辆在辖区内违规停放上客和超员载客的问题。未定期向运管部门和客运企业通报驾驶人道路交通违法行为、记分等情况失察。

未有效督促和指导交通警察大队加强路面执法管控工作。旅游行业监管部门对监督检查中发现相关旅行社服务网点没有备案登记的问题，未及时督促整改。未发现相关旅行社服务网点不按规定签订旅游合同、违法委托旅游接待业务、非法从事旅游经营等问题。

（4）事故主要教训与警示

1）应进一步推动道路旅客运输企业提升安全管理工作水平。交通运输部门要严格道路旅客运输市场准入管理，鼓励道路运输企业实行规模化、公司化经营，对新设立的企业要严格审核安全管理制度和安全生产条件，强化道路运输企业安全主体责任。要严格落实旅游包车客运标志牌管理制度，在继续巩固省际旅游包车网上全程申请、审核、打印功能的基础上，进一步推动市际及以下等级旅游包车全面使用包车客运管理信息系统，完善包车合同等资料的网上审核功能，从根本上避免违规发放空白包车牌证的情况发生。

2）应进一步推进重点营运车辆动态监控联网联控工作。要严格按照《道路运输车辆动态监督管理办法》（2016 年交通运输部令第 55 号）的要求，建立完善对道路运输企业的考核评价办法和细则，进一步规范道路运输车辆动态监控的组织机构和人员配备、违规行为的闭环处理等工作内容和要求，提高系统的应用水平。

3）应进一步加强营运客车驾驶员的教育培训。相关的管理部门和企业要进一步加强对营运客车驾驶员的入职培训和日常教育培训，完善驾驶员驾驶证和从业资格证审验教育培训，加大对道路交通安全法律法规、安全行车常识、典型事故案例等内容的学习，时刻强化安全责任意识。道路交通运输企业要制定完善的应急预案，明确客运车辆驾驶员的应急处置职责和程序，切实开展应急演练，有效提升突发紧急情况下的应急处置能力和水平。

4）应进一步提升营运客车安全技术性能。此次事故暴露出某些营运大客车存在严重的安全事故隐患问题，因此要时刻开展隐患排查整治工作，按有关规定为单门全封闭车窗的大中型客车更换符合标准的安全锤，在客车两侧的应急窗加装破窗器或外推式车窗，所有大型客车应配发安全告知光盘或安全须知卡，告知乘客车上安全设施的使用方法和应急逃生知识。

5）道路交通驾驶人的休息时间必须满足安全驾驶要求。《中华人民共和国道路交通安全法》第二十二条第二款明确规定："饮酒、服用国家管制的精神药品或者麻醉药品，或者患有妨碍安全驾驶机动车的疾病，或者过度疲劳影响安全驾驶的，不得驾驶机动车"。疲劳驾驶极易引起交通事故。疲劳驾驶是指驾驶人在长时间连续行车后，产生生理机能和心理机能的失调，从而在客观上出现驾驶技能下降的现象。驾驶人睡眠质量差或睡眠不足，长时间驾驶车辆，容易出现疲劳。疲劳驾驶会影响驾驶人的注意、感觉、知觉、思维、判断、意志、决定和运动等方面。疲劳后继续驾驶车辆，会感到困倦瞌睡、四肢无力、注意力不集中、判断能力下降，甚至出现精神恍惚或瞬间记忆消失，出现动作迟误或过早，操作停顿或修正时间不当等不安全因素，极易发生道路交通事故。

16. 某临海新区港口营运公司危险品仓库特别重大火灾爆炸事故

2015 年 8 月 12 日，位于我国北方某大型城市临海新区的某国际物流有限公司（以下简称事发公司）危险品仓库发生特别重大火灾爆炸事故。事故共造成 165 人遇难（其中参与救援处置的公安现

役消防人员 24 人，港口消防人员 75 人，公安民警 11 人，事故企业、周边企业员工和周边居民 55 人），8 人失踪（其中港口消防人员 5 人，周边企业员工、港口消防人员家属 3 人），798 人受伤住院治疗（其中伤情重及较重的人员 58 人、轻伤人员 740 人），304 幢建筑物（其中办公楼宇、厂房及仓库等单位建筑 73 幢，居民 1 类住宅 91 幢、2 类住宅 129 幢、公寓 11 幢）、12 428 辆汽车、7 533 个集装箱受损。事故调查组依据《企业职工伤亡事故经济损失统计标准》（GB 6721—1986）等标准和规定统计，已核定直接经济损失 68.66 亿元。

经事故调查组深入开展各项调查工作后，认定这起火灾爆炸事故是一起特别重大危险化学品生产安全责任事故。

（1）事故经过

2015 年 8 月 12 日 22 时 51 分 46 秒，位于某市临海新区的事发公司危险品仓库运抵区（“待申报装船出口货物运抵区”的简称，属于海关监管场所，用金属栅栏与外界隔离。由经营企业申请设立，海关批准，主要用于出口集装箱货物的运抵和报关监管）最先起火，23 时 34 分 06 秒发生第一次爆炸，23 时 34 分 37 秒发生第二次更剧烈的爆炸。事故现场形成 6 处大火点及数十个小火点，8 月 14 日 16 时 40 分，现场明火被扑灭。

事故现场按受损程度，分为事故中心区、爆炸冲击波波及区。事故中心区为此次事故中受损最严重的区域，该区域面积约为 54 万米^2。两次爆炸分别形成一个直径 15 米、深 1.1 米的月牙形小爆坑和一个直径 97 米、深 2.7 米的圆形大爆坑。

以大爆坑为爆炸中心，150 米范围内的建筑被摧毁，东侧的事发公司综合楼和南侧的相邻某公司办公楼只剩下钢筋混凝土框架。

堆场内大量普通集装箱和罐式集装箱被掀翻、解体、炸飞，形成由南至北的3座巨大堆垛，一个罐式集装箱被抛进相邻公司办公楼4层房间内，多个集装箱被抛到该建筑楼顶。参与救援的消防车、警车和位于爆炸中心南侧附近的某仓储公司、某国际贸易公司储存的7 641辆汽车和现场灭火的30辆消防车在事故中全部损毁，邻近中心区的多家公司的4 787辆汽车受损。

爆炸冲击波波及区分为严重受损区、中度受损区。严重受损区是指建筑结构、外墙、吊顶受损的区域，受损建筑部分主体承重构件（柱、梁、楼板）的钢筋外露，失去承重能力，不再满足安全使用条件。中度受损区是指建筑幕墙及门、窗受损的区域，受损建筑局部幕墙及部分门、窗变形、破裂。

严重受损区在不同方向距爆炸中心最远距离为东3千米、西3.6千米、南2.5千米、北2.8千米。中度受损区在不同方向距爆炸中心最远距离为东3.42千米、西5.4千米、南5千米、北5.4千米。受地形地貌、建筑位置和结构等因素影响，同等距离范围内的建筑受损程度并不一致。

爆炸冲击波波及区以外的部分建筑，虽没有受到爆炸冲击波直接作用，但由于爆炸产生地面震动，造成建筑物接近地面部位的门、窗玻璃受损，东侧最远达8.5千米（某宾馆），西侧最远达8.3千米（某居民楼），南侧最远达8千米（某居民小区），北侧最远达13.3千米（市区某收费站）。

8月12日22时52分，市公安局110指挥中心接到事发公司火灾报警，立即转警给港口公安局消防支队。与此同时，市公安消防总队119指挥中心也接到群众报警。接警后，消防支队立即调派与事发公司仅一路之隔的消防大队紧急赶赴现场，市公安消防总队也快速调派某中队赶赴增援。

22时56分，港口公安局消防大队首先到场，指挥员侦查发现事发公司运抵区南侧一垛集装箱火势猛烈，且通道被集装箱堵塞，消防车无法靠近灭火。指挥员向事发公司现场工作人员询问具体起火物质，但现场工作人员均不知情。随后，指挥员组织现场吊车清理被集装箱占用的消防通道，以便消防车靠近灭火，但未果。在这种情况下，为阻止火势蔓延，消防员利用水枪、车载炮冷却保护比邻集装箱堆垛。后因现场火势猛烈、辐射热太高，指挥员命令所有消防车和人员立即撤出运抵区，在外围利用车载炮射水控制火势蔓延，根据现场情况，指挥员又向上级支队请求增援，支队立即调派另外两个消防大队赶赴现场。与此同时，市公安消防总队119指挥中心根据报警量激增的情况，立即增派各路力量前往增援。

至此，现场公安消防部队的36辆消防车、200人参与了灭火救援，组织疏散事发公司和相邻企业在场工作人员以及附近群众100余人。市委、市政府迅速成立事故救援处置总指挥部，共动员现场救援处置的人员达1.6万余人，动用装备、车辆2 000多台：解放军2 207人，339台装备；武警部队2 368人，181台装备；公安消防部队1 728人，195部消防车；公安其他警种2 307人；安全生产监督管理部门危险化学品处置专业人员243人；防爆、防化、防疫、灭火、医疗、环保等方面专家938人，以及其他方面的救援力量和装备。

直至9月13日，现场处置清理任务全部完成，累计搜救出有生命迹象人员17人，搜寻出遇难者遗体157具，清运危险化学品1 176吨、汽车7 641辆、集装箱13 834个、货物14 000吨。

（2）事故直接原因

通过调查，认定事故最初起火部位为事发公司危险品仓库运抵区南侧集装箱区的中部，认定最初着火物质为硝化棉。

硝化棉（$C_{12}H_{16}N_4O_{18}$）为白色或微黄色棉絮状物，易燃且具有爆炸性，化学稳定性较差，常温下能缓慢分解并放热，超过40℃时会加速分解，放出的热量如不能及时散失，会造成硝化棉温升加剧，达到180℃时能发生自燃。硝化棉通常加乙醇或水作湿润剂，一旦湿润剂散失，极易引发火灾。

据事发公司员工反映，装卸作业中存在野蛮操作问题，在硝化棉装箱过程中曾出现包装破损、硝化棉散落的情况。对样品硝化棉酒棉湿润剂挥发性进行的分析测试表明，如果包装密封性不好，在一定温度下湿润剂会挥发散失，且随着温度升高而加快；如果包装破损，在50℃下乙醇湿润剂会在2小时内全部挥发散失。以上几种因素联合作用引起硝化棉湿润剂散失，出现局部干燥，高温环境加速分解反应，产生大量热量，由于集装箱散热条件差，致使热量不断积聚，硝化棉温度持续升高，达到其自燃温度后发生自燃。

集装箱内硝化棉局部自燃后，引起周围硝化棉燃烧，放出大量气体，箱内温度、压力升高，致使集装箱破损，大量硝化棉散落到箱外，形成大面积燃烧，其他集装箱（罐）内的精萘、硫化钠、糠醇、三氯氢硅、一甲基三氯硅烷、甲酸等多种危险化学品相继被引燃并介入燃烧，火焰蔓延到邻近的硝酸铵（在常温下稳定，但在高温、高压和有还原剂存在的情况下会发生爆炸。在110℃开始分解，230℃以上时分解加速，400℃以上时剧烈分解、发生爆炸）集装箱。随着温度持续升高，硝酸铵分解速度不断加快，达到其爆炸温度（实验证明，硝化棉燃烧半小时后达到1 000℃以上，大大超过

硝酸铵的分解温度）。23 时 34 分 06 秒，发生了第一次爆炸。

距第一次爆炸点西北方向约 20 米处，有多个装有硝酸铵、硝酸钾、硝酸钙、甲醇钠、金属镁、金属钙、硅钙、硫化钠等氧化剂、易燃固体和腐蚀品的集装箱。受到南侧集装箱火焰蔓延作用以及第一次爆炸冲击波影响，23 时 34 分 37 秒发生了第二次更剧烈的爆炸。

总之，事故调查认定事故直接原因是，事发公司危险品仓库运抵区南侧集装箱内的硝化棉由于湿润剂散失出现局部干燥，在高温（天气）等因素的作用下加速分解放热，积热自燃，引起相邻集装箱内的硝化棉和其他危险化学品长时间大面积燃烧，导致堆放于运抵区的硝酸铵等危险化学品发生爆炸。

（3）事故间接原因

事发公司违法违规经营和储存危险货物，安全管理极其混乱，未履行安全生产主体责任，致使大量安全隐患长期存在。

1）严重违反城市总体规划和区域控制性详细规划，未批先建、边建边经营危险货物堆场。

2）无证违法经营，以不正当手段获得经营危险货物批复。按照有关法律、法规，在港区内从事危险货物仓储业务经营的企业，必须同时取得《港口经营许可证》和《港口危险货物作业附证》，但事发公司在事发前共 11 个月的时间里既没有批复，也没有许可证，违法从事港口危险货物仓储经营业务。

事发公司实际控制人于某在港口危险货物物流企业从业多年，很清楚在港口经营危险货物物流企业需要行政许可，但正规的行政许可程序需要经过多个部门审批，时间周期较长。为了达到让企业快速运营、尽快获利的目的，于某通过不正当手段，拉拢有关部门负责人在行政审批过程中提供便利，对事发公司得以无证违法经营起了很大作用。

3）违规存放硝酸铵。事发公司违反《集装箱港口装卸作业安全规程》（GB 11602—2007）和《危险货物集装箱港口作业安全规程》（JT 397—2007）的有关规定，在运抵区多次违规存放硝酸铵，事发当日在运抵区违规存放硝酸铵高达800吨。

4）严重超负荷经营、超量存储。2015年，事发公司月周转货物约6万吨，是批准月周转量的14倍多。多种危险货物严重超量储存，事发时硝酸钾存储量为1 342.8吨，超设计最大存储量53.7倍；硫化钠存储量为484吨，超设计最大存储量19.4倍；氰化钠存储量为680.5吨，超设计最大储存量42.5倍。

5）违规混存、超高堆码危险货物。事发公司违反《港口危险货物安全管理规定》（2017年交通运输部令第27号）和《危险货物集装箱港口作业安全规程》以及《集装箱港口装卸作业安全规程》等的有关规定，不仅将不同类别的危险货物混存，间距严重不足，而且违规超高堆码现象普遍，4层甚至5层的集装箱堆垛大量存在。

6）违规开展拆箱、搬运、装卸等作业。事发公司违反《危险货物集装箱港口作业安全规程》规定，在拆装易燃易爆危险货物集装箱时，没有安排专人现场监护，使用普通非防爆叉车。对委托外包的运输、装卸作业安全管理严重缺失，在硝化棉等易燃易爆危险货物的装箱、搬运过程中，存在用叉车倾倒货桶、装卸工滚桶码放等野蛮装卸行为。

7）未按要求进行重大危险源登记备案。事发公司没有按照《危险化学品安全管理条例》（2011年国务院令第591号修订施行）、《港口危险货物安全管理规定》和《港口危险货物重大危险源监督

管理办法（试行）》（交水发〔2013〕274号）等有关规定，对本单位的港口危险货物存储场所进行重大危险源辨识评估，也没有将重大危险源向市交通运输部门进行登记备案。

8）安全生产教育培训严重缺失。事发公司违反《危险化学品安全管理条例》和《港口危险货物安全管理规定》的有关规定，部分装卸管理人员没有取得港口相关部门颁发的从业资格证书，无证上岗。该公司部分叉车司机没有取得危险货物岸上作业资格证书，没有经过相关危险货物作业安全知识培训，对危险品防护知识的了解仅限于现场不准吸烟、车辆排气管要带防火帽等，对各类危险物质的隔离要求、防静电要求、事故应急处置方法等均不了解。

9）未按规定制定应急预案并组织演练。事发公司未按《机关、团体、企业、事业单位消防安全管理规定》（公安部令第61号）的规定，针对理化性质各异、处置方法不同的危险货物制定针对性的应急处置预案，没有组织员工进行应急演练。未履行与周边企业的安全告知书和安全互保协议。事故发生后，没有立即通知周边企业采取安全撤离等应对措施，使得周边企业的员工不能在第一时间疏散，导致人员伤亡情况加重。

（4）事故主要教训与警示

1）应把安全生产工作摆在更加突出的位置。要牢固树立科学发展、安全发展理念，坚决守住“发展决不能以牺牲人的生命为代价”的红线，进一步加强领导、落实责任、明确要求，大力推进“党政同责、一岗双责、失职追责”的安全生产责任体系的建立健全与落实，积极推动安全生产的文化建设、法治建设、制度建设、机制建设、技术建设和力量建设，对安全生产特别是对公共安全存在潜在危害的危险品的生产、经营、储存、使用等环节实行严格规范的监管，切实加强源头治理。

2）应进一步理顺港口安全管理体制。认真落实港口政企分离要求，明确港口行政管理职能机构和编制，进一步强化交通、海关、公安、质检等部门安全生产监督管理职责，加强信息共享和部门联动配合。在港口设置危险货物仓储物流功能区，根据危险货物的性质分类储存，严格限定危险货物周转总量。进一步明确港区海关运抵区安全生产职责，加强对港区海关运抵区安全监督，严防失控漏管。

3）应建立全国统一的危险化学品监管信息平台。利用大数据、物联网等信息技术手段，对危险化学品生产、经营、运输、储存、使用、废弃处置进行全过程、全链条的信息化管理，实现危险化学品来源可循、去向可溯、状态可控，实现企业、监管部门、公安消防部队及专业应急救援队伍之间信息共享。升级改造面向全国的化学品安全公共咨询服务电话，为社会公众、各单位和各级政府提供化学品安全咨询以及应急处置技术支持服务。

4）应加强生产安全事故应急处置能力建设。合理布局，大力加强生产安全事故应急救援力量建设，推动高危行业企业建立专兼职应急救援队伍，整合共享全国应急救援资源，提高应急协调指挥的信息化水平。危险化学品集中区的地方政府，可依托公安消防部队组建专业队伍，加强特殊装备器材的研发与配备，强化应急处置技战术训练演练，满足复杂危险化学品事故应急处置需要。

5）危险化学品生产经营单位必须严格依照法律、法规的有关规定，制定并组织好企业的安全生产管理制度。《危险化学品安全管理条例》第四十四条规定："危险化学品道路运输企业、水路运输企业的驾驶人员、船员、装卸管理人员、押运人员、申报人员、集装箱装箱现场检查员应当经交通部门考核合格，取得从业资格”。《港口危险货物安全管理规定》第二十一条规定：“从事危险货物港口作业的经营人除满足《港口经营管理规定》规定的经营许可条件外，还应当设有安全生产管理机构或者配备专职安全生产管理人员；从事危险化学品作业的，还应当具有取得从业资格证书的装卸管理人员”；第二十七条规定：“相关从业人员应当按照《危险货物水路运输从业人员考核和从业资格管理规定》的要求，经考核合格或者取得相应从业资格”。

17. 某金属制品公司特别重大铝粉尘爆炸事故

2014 年 8 月 2 日 7 时 34 分，某市经济技术开发区的某台商独资金属制品有限公司（以下简称事发公司）抛光二车间（即该事发公司的 4 号厂房，以下简称事故车间）发生特别重大铝粉尘爆炸事故，当天造成 75 人死亡、185 人受伤。依照《生产安全事故报告和调查处理条例》（2007 年国务院令第 493 号）规定的事故发生后 30 日报告期，共有 97 人死亡、163 人受伤（事故报告期后，经全力抢救医治无效又陆续死亡 49 人），直接经济损失为 3.51 亿元。

经调查认定，这起事故是一起有限空间内金属粉尘特别重大爆炸生产安全责任事故。

（1）事故经过

事故车间位于厂区的西南角，建筑面积为 2 145 米^2，厂房南北长 44.24 米、东西宽 24.24 米，两层钢筋混凝土框架结构，层高 4.5 米，每层分 3 跨，每跨 8 米。屋顶为钢梁和彩钢板，四周墙体为砖墙。厂房南北两端各设置一部载重 2 吨的货梯和连接二层的敞开式楼梯，每层北端设有男女卫生间，其余为生产区。一层设有 2 个通向室外的钢板推拉门（4 米×4 米），地面为水泥地面，二层楼面为钢筋混凝土。事故车间为铝合金汽车轮毂打磨车间，共设计 32 条生产线，一、二层各 16 条，每条生产线设有 12 个工位，沿车间横向布置，总工位数 384 个。该车间生产工艺设计、布局与设备选型均由公司总经理林某自己完成。事故发生时，一层实际有生产线 13 条，二层有 16 条，实际总工位数 348 个。打磨抛光均为人工作业，工具为手持式电动磨枪（根据不同光洁度要求，使用粗细不同规格的磨头或砂纸）。

事故车间一、二层共配置安装 8 套除尘系统。每个工位设置有吸尘罩，每四条生产线 48 个工位合用一套除尘系统，除尘器为机械振打袋式除尘器，除尘系统的室外排放管全部连通，由一个主排放管排出，除尘设备与收尘管道、手动工具插座及其配电箱均未按规定采取接地措施。事故车间工作时间为早 7 时至晚 7 时，截至 2014 年 7 月 31 日，车间在册员工 250 人，现场共有员工 265 人。

2014 年 8 月 2 日 7 时，事故车间员工上班。7 时 10 分，除尘风机开启，员工开始作业。7 时 34 分，1 号除尘器发生爆炸。爆炸冲击波沿除尘管道向车间传播，扬起除尘系统内和车间集聚的铝粉尘，发生系列爆炸，当场 47 人死亡，当天经送医院抢救无效死亡 28 人、185 人受伤，事故车间和车间内的生产设备被损毁。

8 月 2 日 7 时 35 分，事发公司所在市公安消防部门接到报警，立即启动应急预案，第一辆消防车于 8 分钟内抵达，先后调集 7 个中队、21 辆车、111 人，组织了 25 个小组赴现场救援。8 时 03 分，现场明火被扑灭，共救出被困人员 130 人。交通运输部门调度 8 辆公交车、3 辆卡车运送伤员至各医院救治。环境保护部门立即关闭雨水总排口和工业废水总排口，防止消防废水排入外环境，并开展水体、大气应急监测。安全生产监督部门迅速检查事故车间内是否使用危险化学品，防范发生次生事故。省、市人民政府接到报告后，立即启动了应急预案，及时成立现场指挥部，组织开展应急救援和伤员救治工作。

（2）事故直接原因

事故车间除尘系统较长时间未按规定清理，铝粉尘集聚。除尘系统风机开启后，打磨过程产生的高温颗粒在集尘桶上方形成粉尘云。1号除尘器集尘桶锈蚀破损，桶内铝粉受潮，发生氧化放热反应，达到粉尘云的引燃温度，引发除尘系统及车间的系列爆炸。

因没有泄爆装置，爆炸产生的高温气体和燃烧物瞬间经除尘管道从各吸尘口喷出，导致全车间所有工位操作人员直接受到爆炸冲击，造成群死群伤事故。

由于一系列违法违规行为，整个环境具备了粉尘爆炸的“五要素”（可燃粉尘、粉尘云、引火源、助燃物、空间受限），最终引发爆炸。

1）可燃粉尘。事故车间抛光轮毂产生的抛光铝粉，主要成分为88.3%的铝和10.2%的硅，抛光铝粉的粒径中位值为19微米，经测试，该粉尘为爆炸性粉尘，粉尘云引燃温度为500℃。事故车间、除尘系统未按规定清理，铝粉尘沉积。

2）粉尘云。除尘系统风机启动后，每套除尘系统负责的四条生产线共48个工位抛光粉尘通过一条管道进入除尘器内，由滤袋捕集落入集尘桶内，在除尘器灰斗和集尘桶上部空间形成爆炸性粉尘云。

3）引火源。集尘桶内超细的抛光铝粉，在抛光过程中具有一

定的初始温度，比表面积大，吸湿受潮，与水及铁锈发生放热反应。除尘风机开启后，在集尘桶上方形成一定的负压，加速了桶内铝粉的放热反应，温度升高达到粉尘云引燃温度。促使粉尘云引燃的因素如下：

①铝粉沉积。1 号除尘器集尘桶未及时清理，沉积铝粉约 20 千克。

②吸湿受潮。事发前两天当地连续降雨，平均气温为 31℃，最高气温为 34℃，空气湿度最高达到 97%。1 号除尘器集尘桶底部锈蚀破损，桶内铝粉吸湿受潮。

③反应放热。根据现场条件，利用化学反应热力学理论，模拟计算集尘桶内抛光铝粉与水发生的放热反应，在抛光铝粉呈絮状堆积、散热条件差的条件下，可使集尘桶内的铝粉表层温度达到粉尘云引燃温度 500℃。

桶底锈蚀产生的氧化铁和铝粉在前期放热反应触发下，可发生铝热反应，释放大量热量，使体系的温度进一步增加。

4）助燃物。在除尘器风机作用下，大量新鲜空气进入除尘器内，支持了爆炸发生。

5）空间受限。除尘器本体为倒锥体钢壳结构，内部是有限空间，容积约 8 米^3。

（3）事故间接原因

1）厂房设计与生产工艺布局违法违规。事故车间厂房原设计建设为戊类，而实际使用为乙类，导致一层原设计泄爆面积不足，疏散楼梯未采用封闭楼梯间，贯通上下两层。事故车间生产工艺及布局未按规定规范设计，是由林某根据自己经验非规范设计的。生产线布置过密，作业工位排列拥挤，人员密集，有的生产线之间员工背靠背，间距不到1米，且通道中放置了轮毂，造成疏散通道不畅通，加重了人员伤害。

2）除尘系统设计、制造、安装、改造违规。事故车间除尘系统改造未按《粉尘爆炸泄压指南》（GB/T 15605—2008）要求设置泄爆装置，集尘器未设置防水防潮设施，集尘桶底部破损后未及时修复，外部潮湿空气渗入集尘桶内，造成铝粉受潮，产生氧化放热反应。

3）车间铝粉尘集聚严重。现场除尘系统吸风量不足，不能满足工位粉尘捕集要求，不能有效抽出除尘管道内粉尘。同时，企业未按规定及时清理粉尘，造成除尘管道内和作业现场残留铝粉尘多，加大了爆炸威力。

4）安全生产管理混乱。事发公司安全生产规章制度不健全、不规范，盲目组织生产，未建立岗位安全操作规程，现有的规章制度未落实到车间、班组。未建立隐患排查治理制度，无隐患排查治理台账。风险辨识不全面，对铝粉尘爆炸危险未进行辨识，缺乏预防措施。未开展粉尘爆炸专项教育培训和新员工三级安全培训，安全生产教育培训责任不落实，造成员工对铝粉尘存在爆炸危险没有认知。

5）安全防护措施不落实。事故车间电气设施设备不符合《爆炸危险环境电力装置设计规范》（GB 50058—2014）的规定，均不防爆，电缆、电线敷设方式违规，电气设备的金属外壳未可靠接地。现场作业人员密集，岗位粉尘防护措施不完善，未按规定配备防静电工装等劳动保护用品，进一步加重了人员伤害。

（4）事故主要教训与警示

1）政府应加大监管力度，强化辖区安全生产监督管理。应强化依法治安，建立健全“党政同责、一岗双责、齐抓共管”的安全生产责任体系，落实安全发展，坚持安全第一，切实解决好安全生产在地方经济建设和社会发展中的“摆位”问题，坚守安全生产“红线”。要严把安全生产关，对达不到安全条件的企业，坚决淘汰退出；要严厉打击企业非法违法行为，保护员工健康与安全；要切实理顺辖区安全监管体制，建立健全安全监管机构，加强基层执法力量；要切实解决对辖区安全生产违法违规企业放松监管、大开绿灯、听之任之的问题，严防安全监管“盲区”。要提高安全监管人员的专业素质，提高履职能力，加强企业承担社会责任制度建设，研究探索政府购买服务的方式，引入和培育第三方专业安全管理力量，指导企业加强安全管理，帮助基层和企业解决安全生产难题。

2）应落实部门监管职责，严格行政许可审批。各地区各有关部门要按照“管行业必须管安全”的要求，认真履行职责，把好准入和监督关。安全监管部门要准确掌握存在粉尘爆炸危险企业的底数和情况。加强安全培训工作，认真落实专项治理和检查，严格执法，监督企业及时消除隐患。

3）应严格落实企业主体责任，加强现场安全管理。各类粉尘爆炸危险企业不分内外资、不分所有制、不分中央地方、不分规模大小，必须遵守国家法律、法规，应把保护职工的生命安全与健康放在首位，坚决不能以牺牲职工的生命和健康为代价换取经济效益。必须坚决贯彻执行《安全生产法》等法律、法规，认真开展隐患排查治理和自查自改，要按标准规范设计、安装、维护和使用通风除尘系统，除尘系统必须配备泄爆装置，一定要切记加强定时规范清理粉尘，使用防爆电气设备，落实防雷、防静电等技术措施，配备铝镁等金属粉尘生产、收集、储存防水防潮设施，加强对粉尘

爆炸危险性的辨识和对职工粉尘防爆等安全知识的教育培训，建立健全粉尘防爆规章制度，严格执行安全操作规程和劳动防护制度。

4）应加强粉尘爆炸机理研究，完善安全标准规范。要推广采用机械自动化抛光技术，提高企业本质安全水平。可燃性粉尘在爆炸极限范围内，遇到热源（明火或高温），火焰会瞬间传播于整个混合粉尘空间，化学反应速度极快，同时释放大量的热，形成很高的温度和压力，系统的能量转化为机械能以及光和热的辐射，具有很强的破坏力。一般比较容易发生爆炸事故的粉尘有铝粉、锌粉、硅铁粉、镁粉、铁粉、铝材加工研磨粉、各种塑料粉末、有机合成药品的中间体、小麦粉、糖、木屑、染料、胶木灰、奶粉、茶叶粉末、烟草粉末、煤尘、植物纤维尘等。这些物料的粉尘易发生爆炸燃烧的原因是都有较强的还原剂 H、C、N、S 等元素存在，当过氧化物和易爆粉尘共存时，便发生分解，发生氧化反应产生大量的气体，或释放出大量的燃烧热。本起事故案例中的铝粉，即使是在二氧化碳气氛中也有爆炸的危险，并且具有多次爆炸的特点，破坏性及伤害性极大。

18. 某老年公寓特别重大火灾事故

2015 年 5 月 25 日 19 时 30 分，某市一所老年公寓发生特别重大火灾事故，造成 39 人死亡、6 人受伤，火灾面积为 745.8 米^2，直接经济损失为 2 064.5 万元。

经事故调查组调查，认定这起特别重大火灾事故是一起生产安全责任事故。

（1）事故经过

2015 年 5 月 25 日 19 时 30 分，事发老年公寓不能自理区女护工赵某、龚某在起火建筑西门口外聊天，突然听到西北角屋内传出异常声响，两人迅速进屋，发现建筑内西墙处的立式空调以上墙面及顶棚区域已经着火燃烧。赵某立即大声呼喊“救火”，并进入房间拉起西墙侧轮椅上的两位老人往室外跑，再次返回救人时，火势已大，赵某被烧伤，龚某向外呼喊求助。由于大火燃烧迅猛，并产生大量有毒有害烟雾，老人不能自主行动，无法快速自救，导致重大人员伤亡，不能自理区全部烧毁。

不能自理区男护工石某、常某、马某，以及消防主管孔某和半自理区女护工石某等听到呼喊求救后，先后到场施救，从起火建筑内救出 13 名老人，马某组织其他区域人员疏散。在此期间，马某、孔某发现起火后先后拨打 119 电话报警。

19 时 34 分 04 秒，所在县消防大队接到报警后，迅速调集大队 5 辆消防车、20 名消防人员赶赴现场。19 时 45 分，消防车到达现场，起火建筑已处于猛烈燃烧状态，并发生部分坍塌。消防大队指挥员及时通知辖区内 2 个企业的专职消防队，派出 2 辆水罐消防车、14 名队员到达火灾现场协助救援。现场成立 4 个灭火组压制火势、控制蔓延、掩护救人，2 个搜救组搜救被困人员。20 时 10 分，现场火势得到控制，同时指挥员向市消防支队指挥中心报告火灾情况。20 时 20 分，明火被扑灭。截至 5 月 26 日 6 时 10 分，指挥部先后组织 7 次现场搜救，在确认搜救到的人数与有关部门提供现场被困人数相吻合的情况下，结束现场救援。

（2）事故直接原因

事发老年公寓不能自理区西北角房间西墙及其对应吊顶内，给

电视机供电的电器线路接触不良发热，高温引燃周围的电线绝缘层、聚苯乙烯泡沫、吊顶木龙骨等易燃可燃材料，造成火灾。

造成火势迅速蔓延和重大人员伤亡的主要原因是建筑物大量使用聚苯乙烯夹芯彩钢板（聚苯乙烯夹芯材料燃烧的滴落物具有引燃性），且吊顶空间整体贯通，加剧火势迅速蔓延并猛烈燃烧，导致整体建筑短时间内垮塌损毁。不能自理区老人无自主活动能力，无法及时自救造成重大人员伤亡。

（3）事故间接原因

1）事发老年公寓违规建设运营，管理不规范，安全隐患长期存在。该老年公寓发生火灾的建筑没有经过规划、立项、设计、审批、验收，使用无资质施工队；违规使用聚苯乙烯夹芯彩钢板、不合格电器电线；未按照有关规定在床头设置呼叫对讲系统，不能自理区配置护工不足。

2）事发老年公寓日常管理不规范，没有建立相应的消防安全组织和消防制度，没有制定消防应急预案，没有组织员工进行应急演练和消防安全培训教育。员工对消防法律及法规不熟悉、不了解，消防安全知识匮乏。

3）所在县民政局日常监管不到位，违规审批许可。一是日常安全监管不到位。该县民政局每半年对事发老年公寓检查一次，从未发现其使用违规彩钢板扩建经营、安全组织管理缺失等问题。二是违规审批许可。该县民政局在事发老年公寓未提供建设、消防、卫生防疫等部门的验收报告和审查意见书原件的情况下，不严格履行审批程序，违规通过了事发老年公寓审查，并将该审查材料报送市民政局，未按照相关审批程序和安全排查规定，违规给事发老年公寓换发了许可证。

4）所在县公安局某派出所落实消防法规政策不到位，消防日常监管不力。没有认真贯彻执行消防安全重点单位界定标准要求，未准确上报事发老年公寓相关信息，导致县公安消防大队将应定为二级消防安全重点单位管理的事发老年公寓错定为三级管理。没有认真履行消防日常监管职责，没有扎实开展针对养老院的消防安全专项整治活动，未能及时发现和纠正该老年公寓违规使用聚苯乙烯夹芯彩钢板的消防安全隐患。

5）所在县公安消防大队执行消防法规政策不严格，日常监管有漏洞，错将二级消防安全重点管理单位事发老年公寓列为三级管理，对当地派出所日常消防监督检查、培训指导不到位。自事发老年公寓注册以来，县公安消防大队从未对其进行过检查，对该老年公寓的有关信息掌握不准，底数不清。消防安全专项治理行动不扎实，没有及时排查出事发老年公寓存在的重大消防安全隐患。

（4）事故主要教训与警示

1）要深刻吸取特别重大火灾事故教训，牢固树立安全发展理念，始终坚守“发展决不能以牺牲人的生命为代价”这条红线，建立健全“党政同责、一岗双责、齐抓共管”的安全生产责任体系，规范行业管理部门的安全监管职责，特别是涉及多个部门监管的行业领域，按照“管行业必须管安全”的要求，明确、细化安全监管职责分工，消除责任死角和盲区。要督促企业落实安全生产主体责任，做到安全责任到位、安全投入到位、安全培训到位、安全管理到位、应急救援到位。

2）应加强养老机构安全管理，指导养老机构建立健全安全、消防等规章制度，做好老年人安全保障工作。要按照实施许可权限，建立养老机构评估制度，加强对养老机构的监督检查，及时纠

正养老机构管理中的违法违规行为。

3）各级消防安全管理部门要依法履行对消防重点单位日常监督检查职责，切实加强日常监督检查工作，尤其对幼儿园、学校、养老院等人员密集场所的消防安全隐患排查，要严格做到全覆盖、零容忍。严肃查处消防设计审核、消防验收和消防安全检查不合格的单位，提请政府坚决拆除违规易燃建筑，推动消防安全主体责任严格落实。县级公安机关要加强对消防大队和派出所的组织领导和统筹协调，确保消防安全工作无缝衔接。加强对派出所等一线民警消防法规和业务知识的培训，切实提高发现隐患、消除隐患的能力和水平。

4）要定期组织开展对养老机构等人员密集场所的安全隐患排查，对违规使用聚苯乙烯、聚氨酯等保温隔热材料及建筑达不到耐火等级要求的，要严格按照《建筑设计防火规范》（GB 50016—2014）、《养老设施建筑设计规范》（GB 50867—2013）等限期整改，确保建筑符合防火安全规定。对防火、用电等管理制度不健全、不符合规范的，无应急预案、应急演练不落实的，许可审批手续不全的，要坚决予以整改。各类养老机构等人员密集场所要强化法律意识，制定突发事件应急预案，切实落实安全管理主体责任。

5）建筑内部装修给人们创造了温馨、舒适的工作及生活环境，但是，很多家居住宅以及一些公共娱乐场所、宾馆、商场和老年公寓等的业主，在装修设计中往往只注重装修效果，忽视防火安全，以至于造成了严重的火灾隐患，火灾事故频频发生。因此，建筑内部装修要注重建筑装修材料的防火要求，积极选用不燃材料和难燃材料，对材料燃烧时产生的毒性气体和发烟性大小应引起高度重视，尽量避免使用在燃烧时产生大量浓烟和有毒气体的装修材料。

要注重电器线路和装饰灯具的防火。在建筑内部装修中，隐蔽部位甚至可见部位的电线短路可引燃木龙骨、装饰材料、保温材料等可燃物，并缓慢燃烧、蔓延。旧建筑重新装修时，要考虑配电线路的容量，新建住宅要增加住宅室内的回路和插座数量，避免因使用插座板不当、乱接室内临时线而引起的电气火灾事故。

为保证消防设施和疏散指示标志的使用功能，建筑内部装修不应遮挡消防设施和疏散指示标志及出口，且不应妨碍消防设施和疏散过道的正常使用。

在建筑设计或装修时，应坚持先培训、后上岗的原则，对施工人员进行必要的消防知识培训，要求他们严格遵守安全操作规程，懂得本工种的火灾危险性及预防和扑救措施，合格后方能上岗。

第三章

重大生产安全事故警示

19. 某煤矿顶板垮落导致瓦斯爆炸重大事故

2016年3月23日22时07分37秒，某矿业集团所属煤业有限公司（以下简称事发煤矿）8117综采工作面发生一起顶板大面积垮落导致瓦斯爆炸重大事故，造成20人死亡、1人受伤，直接经济损失为2 804.37万元。

经事故调查组调查分析，认定本起事故为重大煤矿生产安全责任事故。

（1）事故经过

2016年3月23日14时，综采二队队长刘某组织中班（16时至24时）作业的17人（当班出勤共18人，其中陈某提前入井未参加班前会）召开了班前会。刘某在班前会上安排对8117工作面70米延长段已提前打好的炮眼进行顶板预裂爆破，孟某、茆某负责放炮（2人均无爆破资格证）。技术员王某在会上贯彻了预裂爆破安全技术措施，班长邢某对当班各项工作做了具体安排。

会后，技术员王某自行入井，工人高某领取放炮器和放炮线后从副斜井直接入井，另外15人随队长刘某（综采二队唯一持爆破

资格证者）到炸药库领取火工品。领完火工品后，刘某返回，未下井，其余 15 人携带 400 米导爆索、60 发雷管、13 箱炸药从主斜井步行入井。到工作面后，班长邢某安排 6 人连接移溜千斤顶，其余人员进行装药等放炮准备工作。装完 1 个炮眼后，技术员王某到达工作面指导装药作业；装完 8 个炮眼后，王某离开工作面升井。

21 时 30 分许，工作面 70 米延长段装完 9 个炮眼，班长邢某安排工人邢某和孔某到回风顺槽风门外设置放炮警戒，二人随后离开工作面到达警戒地点，约 20 分钟后听到工作面方向传来响声，风门突然被吹开，一股黑烟吹出，伴随有呛人的气味，周围视线不清，紧接着又有一股气流冲出，两人被冲倒，警戒工人邢某矿灯损坏。二人在原地等待约 30 分钟后，警戒工人孔某经风门进入回风顺槽察看，约 200 米后发现满巷烟雾，视线不清，于是退出后到一盘区变电所打电话向矿调度室汇报井下情况。

约 22 时 08 分，矿调度员马某发现监控系统显示 8117 工作面一氧化碳浓度超限，井下工业电视黑屏，紧接着接到中央变电所值班人员郭某电话汇报，得知变电所门被吹坏，之后主斜井井口李某电话汇报说井口吹出黑烟。马某接完电话后，立刻打电话向调度室主任张某进行汇报，张某立即赶到矿调度室，安排调度员向矿领导和相关部室负责人汇报。

接到事故报告后，矿方立即通知井下作业人员撤离出井，并启动应急救援预案，成立应急救援指挥部。指挥部初步核实情况后，安排安全矿长杨某带领相关人员佩戴保护装备入井侦查并组织撤人。22 时 50 分左右，杨某带领相关人员入井，在主斜井煤仓附近发现 1 名受伤人员和 1 名遇难人员，在一盘区轨道巷发现 6 名遇难人员。由于对灾变及灾区情况不明，矿方人员未深入采掘工作面及更远区域进行侦查搜救。

23 时 03 分，集团公司接到了矿方事故报告后，相关领导及部门负责人立即赶赴事故现场，成立抢险救援指挥部，制定抢险救援方案，全力展开救援工作。经过全体救援人员的全力搜救，至 3 月 25 日 12 时 26 分，搜救人员发现最后 1 名遇难矿工，救援工作结束。

事发当班全矿共 130 人入井，事故造成 20 人死亡、1 人受伤，其余人员安全升井。在遇难 20 人中，综采二队 12 人，其他队组 8 人。

（2）事故直接原因

8117 工作面（70 米延长段）违规实施顶板预裂爆破，诱发工作面采空区顶板大面积垮落，使得该工作面采空区瓦斯等有毒有害气体瞬间涌出，形成冲击波并造成设备损坏和人员伤亡。该采空区内处于爆炸浓度范围的瓦斯逆流到工作面皮带进风巷，冲击波造成 10 千伏高压电缆受外力撞击破坏产生电火花，引爆瓦斯导致事故扩大。

（3）事故间接原因

1）事发煤矿对技术工作重视不够，管理不到位。矿井技术管理不到位，对预裂爆破可能诱发采空区顶板大面积瞬间垮落形成冲击波、涌出采空区瓦斯，缺乏针对性安全技术措施；安全技术措施审批把关不严，8117 工作面在采空区进行预裂爆破违反了《煤矿安全规程》相关规定；8117 工作面矿压在线监测系统不能正常使用，也未采取其他有效矿压监测措施，顶板管理没有科学依据支撑，存在随意性和盲目性。

2）事发煤矿重生产、轻安全，安全管理混乱。违规使用劳务派遣队伍从事井下采掘活动，且对劳务派遣队伍未能实施有效管控；违反规定过多布置采掘工作面，超能力组织生产；领导带班下井制度执行不严，事故当班无矿领导带班下井，综采二队无跟班队领导；出入井管理混乱，人员定位系统、出入井登记表均不能准确显示、记录出入井人员情况；现场交接班及“一炮三检”和“三人联锁放炮”制度执行不严，安检工、瓦检工提前离岗；安全培训不到位，爆破作业人员无证上岗；现场爆破作业未按规定将人员撤到安全距离以外。

3）事发煤矿上级公司执行安全生产有关规定和制度不严格，安全管理松懈，安全生产责任制落实不到位。安全监管人员未认真履行职责，日常检查流于形式。对下属煤矿的劳动用工监管不到位、技术指导不力、安全准入把关不严。

4）事发煤矿所在的煤业集团对下属子公司及煤矿安全管理不到位。对安全生产工作重视不够，对下属子公司疏于管理，对子公司落实安全生产有关规定和制度要求不严，监督落实不够。对所属煤矿安全监管不到位，尤其对资源整合矿井监管职责不明、管控不力。安全监管人员未认真履行职责，安全检查不深入、不细致。

5）当地煤矿安全监管监察部门对所辖煤矿安全生产工作监管监察不到位。

（4）事故主要教训与警示

1）各级监管监察部门要加大监管监察力度。对发现的违法生产行为和安全隐患要严格执法，依法处罚，以“零容忍”的态度对待事故隐患，强化整治效果。煤矿要建立健全安全风险分级管理和隐患排查治理双重预防的工作机制，查清各类隐蔽性致灾因素，严防重特大事故发生。

2）煤矿集团的各级管理人员要以各类事故为教训，深刻认识所属煤矿的深层次问题，从自身做起，不断加强安全生产有关法律、法规的学习和宣传，牢固树立红线意识，牢记发展不能以牺牲人的生命为代价，一定要把安全工作放在首位，创新工作方法，狠抓责任落实。

针对资源整合型矿井由于没有做到“真投入、真控股、真管理”致使安全管理不到位的问题，各煤业集团要下大决心，拿出切实可行的管理办法，凝聚安全生产共识，建立健全风险共担、利益共享的合作机制，真正做到依法办矿、依法管矿。

3）要严格执行劳动用工有关规定，规范劳动用工管理，对煤矿井下作业人员进行甄别筛查，做到规范用工、统一管理，严禁使用外委队伍从事井下采掘活动。

从煤矿管理层到操作层，所有人员必须加强岗前和岗中培训，健全安全生产管理各环节的运行机制，做到行为有规范、人人受监督、问责要到位；要严格执行综放工作面的开采设计、批复及安全准入有关规定；建立健全安全生产管理机构，配齐、配足安全生产管理人员，认真落实矿、部、队三级领导带班及跟班制度，严格执行现场交接班制度；严禁超能力、超定员、超强度组织生产。

4）针对煤矿较坚硬顶板在开采过程中不易垮落的问题，各煤炭生产企业或所在矿井要加强技术研究，坚持走“产、学、研、用”相结合的道路，大力推进煤矿科技攻关工作，及时推广先进可行的技术成果；加强对不同类型顶板条件下采掘工作面矿山压力显现规律的分析研究，采取科学可靠的方法管理顶板；深入研究预裂爆破诱发采空区悬顶垮落的机理，优化和完善爆破预裂参数，保障顶板预裂安全和效果；进一步强化围岩矿压观测工作，及时收集和

分析处理矿压监测数据，科学指导顶板管理；严禁在采空影响区域进行顶板预裂爆破，坚决杜绝顶板管理的随意性和盲目性。

5）在地下采煤过程中，顶板意外冒落会造成人员伤亡、设备损坏、瓦斯爆炸等事故。随着液压支架的使用及对顶板事故的研究和预防技术的深入完善，我国煤矿的顶板事故有所减少。但是，据有关统计分析，冒顶及其引发的次生生产安全事故仍是煤矿生产的主要灾害之一。因此，要严格贯彻落实《煤矿安全规程》中的顶板管理相关规定，进行煤矿采掘工作面、巷道维修工程要制定作业规程和安全技术措施，遇有过老巷、煤柱、地质构造破碎带等特殊情况时，要及时补充制定安全技术措施，并按规定审批、实施。采用锚杆、锚索、锚喷支护的巷道，要加强对支护质量的检查，确保锚杆、锚索的材质、拉力和预紧力及喷层厚度和强度符合作业规程规定。要加强巷道顶底板移近量的观测工作，防止因锚杆、锚索支护质量问题引发巷道冒落。要加强对作业人员顶板管理知识的教育培训，增强防范顶板事故的意识和能力，严格执行敲帮问顶制度，严禁空顶作业。

20. 某金属矿山重大火灾事故

2015 年 12 月 17 日 12 时 20 分左右，某金属矿业集团下属矿业有限公司（以下简称事发矿山）井下发生重大火灾事故，造成 17 人死亡、17 人受伤（含 3 名救护队员），直接经济损失为 2 199.1 万元。

调查组通过现场勘察、调查取证、技术鉴定、综合分析，查明了事故发生的经过和原因，认定这起事故为非煤矿山较大生产安全责任事故。

（1）事故经过

2015年12月17日8时左右，事发矿山风井副矿长曹某带领6名工人到风井井巷距井口125.5～138.3米处从事钢棚支护焊接作业。9时左右，维修工赵某在焊接右侧第1架棚腿拉筋时，焊渣掉到接帮用的木背板上，引燃木背板，赵某发现后立即用浮土和碎石面覆盖灭火。11时30分左右，副矿长曹某带领6名工人准备乘车升井吃饭时闻到异味，维修工赵某解释说焊接时焊渣引燃背板起火冒烟，当时已灭火。曹某听后并没有前往检查，而是直接带领6名工人离开作业现场升井吃午饭。12时20分左右，曹某带领6名工人乘矿车下井准备继续作业，下行20米左右发现井下冒烟，立即带领其他人采取灭火措施，但是未能奏效，木支护燃烧产生的有毒有害气体通过巷道和老空区形成的通道进入副井，致使副井井下17人中毒死亡、17人受伤（含3名救护队员）。

12月17日13时09分，集团公司接到风井着火报告和集团救护队救援请求。13时15分左右，集团救护队到达风井，救护队长黄某在询问得知风井井下没有作业人员，且与副井不通的情况后，决定封堵井口灭火。事故所在市委、市政府及区委、区政府领导接到事故报告后，立即赶赴事故现场，启动事故应急救援预案，成立了抢险救援指挥部。指挥部紧急调动救护队35名队员、政府及相关部门100余人、警力230余人、警车20余辆、医疗救援车17辆、医疗专家和医护人员100余名参与救援。

17日16时05分左右，救护队员救上3名受伤人员。17日17时45分至18日4时35分，救护队将11名受伤人员及17名遇难人员全部救至地面。18日6时40分，经全面搜寻，确认井下没有遇

难人员后，救护队员全部升井，事故救援工作结束。

（2）事故直接原因

事发风井井巷钢棚支护施工过程中，作业人员在电焊作业时引燃木背板，致使用于接帮和接顶的木背板燃烧，产生的一氧化碳等有毒有害气体经风井与副井之间的旧巷和冒落老空区形成的漏风通道进入副井，造成人员伤亡。

（3）事故间接原因

1）建设期间擅自采矿，无资质、未按设计施工。事发矿山在未取得安全生产许可证、井巷修复工程未完工的情况下擅自采矿，以建代采、边建边采。事发矿山作为项目建设方，名义上与施工方和监理方签订了合同，但实际上并未履行合同，也未通知施工方和监理方进场，在自身没有资质的情况下自行组织施工，且未制定施工方案和安全措施。

事发矿山在未得到设计单位书面同意的情况下，在井建施工过程中擅自将设计中巷道支护方式由混凝土支护改为钢支护；新掘进巷道均未按设计要求施工；在未完成地表帷幕注浆、居民搬迁、地面充填站建设及充填系统工程的情况下，擅自在＋30 米标高以下施工。

2）安全管理混乱。事发矿山未按规定为从业人员配发必备的劳动防护用品；入井人员未携带自救器；未严格执行出入井登记管理制度，发生事故后难以核清井下实际人数；生产安全事故应急预案未按规定备案，未定期组织应急演练；日常安全检查流于形式，安全隐患排查不到位；部分提升设备未经检测合格便投入使用；作业人员未按规定乘坐矿用人行车上下井；井下动火作业没有执行“动火作业票”制度；施工作业过程中违章作业、违章指挥现象大量存在。

3）无证上岗。事发矿山的部分企业负责人、安全管理人员未经安全生产培训，没有通过安全监管部门考核合格，部分特种作业人员未取得特种作业操作证上岗作业。

4）安全培训教育不到位。事发矿山安全培训工作流于形式，大部分工人未经培训上岗，培训学时未达到规定要求。工人安全意识淡薄，对作业现场的安全隐患和危险源认识不到位，对违章作业可能带来的严重后果认识不足。

5）未及时报告事故，盲目组织施救。事发矿山在事故发生 3 个多小时后才向当地安全生产监督管理部门报告，耽误救援有利时机。在事故发生后没有在第一时间撤出井下所有作业人员，盲目组织施救，致使此次火灾事故造成重大人员伤亡。

（4）事故主要教训与警示

1）要切实落实安全生产主体责任，严格执行“五落实”和“五到位”规定，建立健全安全管理机构，完善并严格执行以安全生产责任制为重点的各项规章制度，把安全生产责任层层落实到位；落实非煤矿山企业领导带班下井制度，强化现场管理，严禁违章指挥、违章作业；扎实开展安全隐患排查治理，落实“四个清单（监督检查任务清单、隐患和问题清单、整改工作清单、复查验收清单）”管理制度，及时消除重大隐患，严防事故发生。

要加强对非煤矿山的安全管理工作，督促建立完善安全管理机构和技术管理体系。督促建设、监理、施工、设计单位落实相关责任，严禁违法组织生产。

2）要严格执行事故报告制度，一旦发现重大险情或事故，要按照有关规定及时报告，严禁违章指挥、盲目施救，防止事故扩

大。要制定和完善事故应急预案，有针对性地组织应急知识培训，定期组织演练，切实提高从业人员的安全防范意识和应急处置能力。

3）非煤矿山企业要切实突出安全生产重点，加强防火和通风安全管理工作。严格执行“动火作业票”制度，制定安全技术防范措施，履行审批手续后方可实施。要坚决淘汰国家明令禁止使用的非阻燃动力线、照明线、输送带、风筒等设备设施，主要井巷禁止使用木支护。完善井下通风设施，加强矿井空气质量监测，严禁无风、微风、循环风冒险作业。

4）非煤矿山企业要加强对从业人员的教育培训力度，增强培训的实效性，不断强化从业人员的安全意识和自我保护能力。严格执行安全生产法律、法规及安全操作规程，杜绝违章操作、违章指挥、违反劳动纪律等行为。建立健全安全生产奖惩机制，加强安全生产宣传教育，形成良好的安全生产氛围。

5）要加强对备案爆破作业项目的管理，切实履行对爆破作业单位主要负责人、爆破技术负责人及爆破作业人员的安全教育和业务培训，严格执行《民用爆炸物品安全管理条例》相关规定，强化对民用爆炸物品购买、运输和爆破作业的安全监督管理。

6）各非煤矿山企业特种作业人员必须按照国家有关规定经专门的安全作业培训，取得特种作业操作资格证书，方可上岗。地下矿山特种作业人员包括通风工、采掘工、排水工、提升工、支柱工、安全检查工、爆破工、电工和焊工等，露天矿山特种作业人员包括安全检查工、爆破工、电工和焊工等。取得特种作业操作资格证的人员，需每三年复审一次，并进行安全培训和考试，合格后方可上岗作业。

7）非煤矿山企业特种作业人员要遵守安全教育培训制度，特别是新上岗的从业人员，要按照有关规定接受强制性安全培训，保证自身具备必要的安全生产知识，熟悉有关的安全生产规章制度和安全操作规程，掌握本岗位安全操作、职业卫生、自救互救以及应急处置所需的知识和技能。新进矿山（地下矿山）的井下作业职工，接受安全教育、培训的时间不得少于 72 小时（露天矿山 40 小时），考试合格后方可上岗作业。所有生产作业人员，每年接受在职安全教育、培训的时间不少于 20 小时。离开特种作业岗位 6 个月以上的特种作业人员，应当重新进行实际操作考试，经确认合格后方可上岗作业。

21. 某大厦项目重大建筑施工坍塌事故

2011 年 9 月 10 日 8 时 20 分许，某市在建大厦项目（以下简称事发项目）施工现场，因脚手架架体整体突然坍塌，致使正在该大厦东立面整体提升脚手架上进行降架和外墙面贴面砖施工及清洁的 12 名作业人员，自 19 层高处坠落，造成 10 人死亡（现场死亡 7 人，经医院全力抢救无效死亡 3 人）、1 人重伤、1 人轻伤，直接经济损失约为 890 万元。

调查组查明了事故发生的经过和原因，认定这起事故为建筑施工重大生产安全责任事故。

（1）事故经过

事发项目位于某市两交通主干线交叉口的东北角，该工程为框架剪力墙结构，地下 2 层，地上 30 层，总高为 108.5 米，建筑面积 56 000 米^2。2009 年下半年开始基坑开挖，2010 年 6 月开始桩基施工，2011 年 5 月主体封顶，事故发生之前室内已完工，正在进行

20～23层外墙面砖擦缝工作。外墙附着式升降脚手架周边总长182米，架体分为3个升降单元，架体共4层，高约14米。2011年8月20日，整体提升脚手架自30层下降到20层，事发时正在进行20～23层外墙面砖铺贴施工。

2011年9月9日下午，某建筑工程有限公司在建大厦项目部召开例会，生产负责人杜某安排外架班长梁某带领架子工把整体提升脚手架从20层落到16层。9月10日5时许，8名外墙装修人员登上位于在建大厦的20层高处脚手架，开始清洗外墙面。7时20分，外架班长梁某带领8名架子工人员开始进行整体提升脚手架的降架工作，同时架体上还有8名工人在清洗外墙面，且清洗人员都集中在楼体东边的架体上。8时20分左右，附着式升降脚手架东侧偏南共4个机位、长度约22米、高度为14米的提升脚手架架体发生整体坍塌，致使12名作业人员（墙面砖勾缝作业工人6人、安装落水管工人2人、架体降架工人4人）随架体坠落至室外地面。

经现场勘查，大厦工程20层位置（高度为61.3米）附着式升降脚手架东面南侧及南面共13个机位为一个升降单元，其中东面南侧5个机位中有4个机位（长度为22米）的架体全部坠落至室外地面损毁。在该单元其余9个未坠落机位的架体中，与降架坠落架体紧邻的东面南侧1个机位上的定位承力构件已全部拆除，其余8个机位的定位承力构件有少部分被拆除。坠落4个机位的架体与南侧紧邻架体竖向断开，结构上没有形成整体，南侧紧邻架体上端有局部撕拉变形。剩余9个机位中多数防坠装置被人为填塞牛皮纸、木楔、苯板等物，致使防坠装置失效。坠落架体部位的建筑物上仅残留附墙支座、电葫芦、倒链及挂钩，均未发现明显变形和撕拉痕迹。坠落至地面的架体残骸由于抢险救人工作的移动，已无法看到原状。从架体残骸中找到的坠落机位的4个吊点挂板中，有2个完好，另外2个断裂成为4块，只找到其中的3块，断裂面有部分陈旧性裂痕。由于该升降单元南面大部分承力构件尚未拆除，该单元架体处于下降工况前的准备阶段。架体坠落时气象情况为中到大雨。

事故发生后，所在市党委、政府立即启动了事故应急预案，救援共调集5个消防中队的70余名官兵、10部车辆、1辆工程车、4只搜救犬，调集卫生部门7辆救护车和35名医护人员。当日10时20分，12名工人被相继救出，分别被送往医院救治。

（2）事故直接原因

脚手架升降操作人员在未悬挂好电动葫芦吊钩和撤出架体上施工人员的情况下违规拆除定位承力构件，违规进行脚手架降架作业。

（3）事故间接原因

1）承建该项目的建筑劳务有限责任公司，无资质、违规承揽承包事发大厦建设工程并组织施工，对施工现场缺乏严密组织和有效管理，是事故发生的主要原因之一。

2）承担监理的某建设监理有限公司，对大厦外墙装饰和脚手架升降作业等危险性较大工程和工艺，未按规定进行旁站等强制性监理，是事故发生的主要原因之一。

3）事发项目的负责单位某建筑工程有限公司，未依法履行施工总承包单位安全职责，将工程分包给无专业资质的承接建筑劳务有限责任公司，对施工现场统一监督、检查、验收、协调不到位，是事故发生的重要原因。

4）某实业有限公司在事发项目建设过程中，未完全取得建设工程相关手续，违规进行项目建设，是事故发生的次要原因。

5）所在市政府的城改、规划和城市综合执法等部门，依法履

行监管职责不到位，是事故发生的原因之一。

6）自8月下旬开始，事发项目所在地区连续10余天降雨，事发当天项目所在的市区天气仍然是中到大雨，脚手架因受长时间雨淋而超重超载，也是事故发生的客观原因。

（4）事故主要教训与警示

1）近年来，城市快速扩张、经济高位运行给安全生产和社会管理带来的压力，特别是类似此次事故暴露出的安全监管薄弱环节，各级主管部门应系统总结经验教训，进一步强化安全生产及其监管监察工作。

2）建筑施工设施租赁单位应加强队伍建设，规范附着式升降脚手架的租赁管理，加强对所出租附着式升降脚手架施工的技术指导服务工作。

3）要加大对施工组织设计、专项施工方案和施工管理人员、特种作业人员资质审查，切实履行施工监理旁站职责，及时消除安全生产隐患。

4）要加强建设项目施工现场安全监管，加大安全生产隐患排查力度。在与专业承包、劳务分包队伍签订合同协议时，应细化职责，明确安全生产责任。

5）要进一步建立和完善以安全生产责任制为重点的安全管理制度，加强对施工现场和高危险性作业的动态管理，把施工项目部的领导带班制度、监理项目部的旁站监理制度和一线班组长的岗位安全责任落到实处。要强化施工总承包方对工程建设和安全生产的全面、全过程管理，严格程序，严格把关。

6）脚手架是建筑施工中必不可少的临时设施，用于在其上进行施工操作、堆放施工用料和必要的短距离水平运输。脚手架的安装和拆除对施工人员人身安全有直接的影响。脚手架搭设和拆除不牢固、不稳定，就容易造成施工中的伤亡事故。搭建、拆除脚手架支撑体系时，要有专人协调指挥，地面应设警戒区，要有旁站人员看守，严禁非操作人员入内。脚手架支撑体系在使用期间，严禁拆除与架子有关的任何杆件，必须拆除时，应经项目部主管领导批准。遇 6 级（含 6 级）以上大风天气及雪、雾、雷雨等特殊天气，应停止架子作业。在雨雪天气后作业时，必须采取防滑措施。

登高（2 米以上）作业时必须系合格的安全带，系挂牢固，高挂低用，应穿防滑鞋，把手头工具放在工具袋内。高处拆除作业应设计搭设专用的脚手架或作业平台。若作业人员在拟拆除的建筑物结构、部分上操作，必须确定其结构是稳固的。拆脚手架支撑体系前，应在地上用安全警示带先设好安全警示范围，并设专人进行监护，没有监护人，没有安全员或工长在场，不准拆除外架与承力构件。应清出作业区域内所有人员，严禁一切非操作人员入内。

22. 某农村道路重大道路交通事故

2014 年 9 月 6 日 7 时 29 分，我国西部某镇下辖村的村级公路 0 公里＋450 米处发生一起重大道路交通事故，造成 11 人死亡、3 人受伤，直接经济损失约为 500 万元。

经调查组调查分析，认定这起事故为村级公路重大交通运输生产安全责任事故。

（1）事故经过

2014 年 9 月 6 日，某绿化有限公司下属施工队负责人段某带领 12 名工人乘坐李某（施工队工人，无驾驶证）驾驶的自卸三轮汽

车从事发路段的村住地出发，沿通村柏油路行驶，部分人员去某水土保持综合治理工程补种树苗，部分人员前往县城。7 时 29 分，车辆由北向南经过通村公路 0 公里＋450 米下坡向右急弯路段处，车辆失控向左侧翻，与道路外侧防撞墙相撞，造成 2 人当场死亡、9 人经抢救无效死亡。

7 时 32 分，事发所在县的公安局 110 指挥中心接到附近群众报警后，立即安排县公安局交警大队赶赴现场，省、市领导接到报告后，迅速启动突发事件应急机制，全力以赴开展伤员救治工作，组织指导事故救援工作。

（2）事故直接原因

李某无证、非法驾驶制动系统安全技术状况不符合《机动车运行安全技术条件》（GB 7258—2017）的基本要求：自卸三轮汽车严禁违法载人，在急弯下坡路段严禁空挡行驶，不能超过道路设计速度。

（3）事故间接原因

1）某绿化公司下属的施工队安全管理混乱，长期放任施工人员无证驾驶农用三轮汽车，放任施工人员违规乘坐农用三轮汽车，对于事故发生负有直接管理责任。

2）某绿化公司安全生产责任落实不到位，对下属施工队安全管理不到位，对所属人员安全培训不到位，未能及时发现施工队人员无证驾驶农用三轮汽车和施工人员违规乘坐农用三轮汽车的行为，对于事故发生负有主要管理责任。

3）事发镇农村道路交通安全管理站作为城镇管理道路交通安全的专职机构，对外来施工队的驾驶人、农村机动车情况摸排不到位，未及时将驾驶人李某所驾驶的自卸三轮汽车纳入交通安全管理站管理范围，对于事故发生负有重要管理责任。

4）事发县交警大队加挂农村道路交通安全管理大队牌子，作为农村道路交通安全管理执法机构，未认真履行工作职责，对农村道路交通安全管理站指导督促不力，未及时发现该绿化公司的施工队在辖区路段无证驾驶、货车违规载人的违法行为，对于事故发生负有重要监管责任。

5）事发县县委、县政府对县交警大队、农村道路交通安全管理站督导不到位，对相关部门农村道路安全监管不到位的问题失察，对于事故发生负有领导责任。

（4）事故主要教训与警示

1）要加强道路交通安全工作，制定道路交通安全专项规划，将政策适当向道路交通安全管理部门倾斜，强化对乡（镇）交通安全管理机构的监督管理，完善管理人员配置，进一步落实监管责任。

2）要加强对乡（镇）政府道路交通的安全管理，不断强化对辖区各类车辆、驾驶人的管理，及时发现乡村道路上各类违法行车行为，力争将安全隐患消除在源头和萌芽状态。加大对农村道路安全管理机构的人员编制、经费方面的支持，不断完善农村道路安全设施，改善农村道路安全通行条件，引导农村客运交通健康发展，建立农村道路客运网络，提高农村道路客运覆盖率。

3）公安交警部门要强化驾驶人培训和考核管理，加强对长期在本地经营的异地客货运车辆和驾驶人安全管理，力争实现客货运驾驶人从业情况、交通违法行为、交通事故等信息共享。不断加强长途客车、危险品运输车辆、农用低速载货汽车、公交车等重点车辆的日常安全管理。各级相关管理部门要加强公路巡逻管控，下大力气整治各类违法违规行为，加大对营运客车、危险货物运输车等重点车辆检查力度。

4）要大力开展交通安全进单位、进社区、进农村、进学校、进家庭的“五进”宣传工作，借助多种宣传载体和媒介，教育群众乘有证车、安全车，自觉抵制货运车辆非法载客、超载、疲劳驾驶、酒后驾驶，强化对驾驶人、学生等重点群体的交通法规和交通安全常识宣传力度，提高全社会交通参与者的安全意识，鼓励和引导广大群众举报严重交通违法行为。

5）驾驶人在驾驶车辆过程中，通过感官（主要是眼、耳）从外界接受信息，产生感觉（主要是视觉和听觉），然后经过大脑一系列综合反应产生知觉，在此基础上形成所谓“深度知觉”。驾驶人就是凭借这种“深度知觉”形成判断的（如目测距离、估计车速等）。可见，驾驶人的生理、心理素质及反应特性对保障交通安全起着至关重要的作用。据统计，大约90%的道路交通事故与驾驶人有关。机动车驾驶人必须取得从业资格证书才能从事道路运输，并严禁酒后驾车。

车辆具有良好的行驶安全性，是减少交通事故的必要前提。因此，按照法律、法规和技术标准的要求，从事客运经营活动必须有相适应的车辆，这是道路交通客运活动最基本的要求，另外车辆还必须检测合格。当前，道路客运市场中还存在一些道路运输经营者使用不合格车辆从事经营活动的行为，成为发生道路运输事故的重要隐患。加强对运输车辆的管理，是确保运输安全和服务质量的重要方面。加强对车辆的检测，把好客运车辆技术状况关是交通主管部门及道路运输管理机构履行道路运输安全管理职责的重要手段。客运车辆的检测包括对运输车辆的动力性、经济性、安全性、可靠性及噪声和污染排放状况进行的综合性检测，具体检测内容有发动机性能、底盘输出功率、等速百公里油耗、制动性能、转向操纵性、悬架效率、前照灯性能、排气污染物、噪声、整车装备检测及外观检查等。

23. 某化学有限公司重大爆炸事故

2015 年 8 月 31 日 23 时 18 分，某市化学有限公司（以下简称事发公司）新建年产 2 万吨改性型胶粘新材料联产项目二胺车间混二硝基苯装置在投料试车过程中发生重大爆炸事故，造成 13 人死亡、25 人受伤，直接经济损失为 4 326 万元。

经调查组调查分析，认定这起事故为化学品生产经营企业重大爆炸生产安全责任事故。

（1）事故经过

2015 年 8 月 28 日，经事发公司董事长兼总经理李某批准，该公司新引进的硝化装置投料试车。28 日 15 时至 29 日 24 时，先后两次投料试车，均因硝化机控温系统不好、冷却水控制不稳定以及物料管道阀门控制不好，造成温度波动大，运行不稳定停车。

8 月 31 日 16 时 38 分左右，企业组织第三次投料。投料后，4＃硝化机在 21 时 27 分至 22 时 25 分温度波动较大，温度最高达到 96℃（正常温度为 60～70℃）。5＃硝化机在 16 时 47 分至 22 时 25 分温度波动较大，温度最高达到 94.99℃（正常温度为 60～80℃）。车间人员肖某用工业水分别对 4＃、5＃硝化机上部外壳浇水降温，中控室调大了循环冷却水量。期间，硝化装置二层硝烟较大，在试车指导专家吴某的建议下再次进行了停车处理，并决定当晚不再开车。22 时 24 分停止投料，至 22 时 52 分，硝化机温度趋于平稳。

为防止硝化再分离器中混二硝基苯凝固，车间人员肖某在硝化装置二层将胶管插入硝化再分离器上部观察孔中，试图利用“虹吸”方式将混二硝基苯吸出，但未成功。之后，又到装置一层，将硝化再分离器下部物料放净管道上的法兰（位置距离地面约 2.5 米高）拆开，此后装置二层的操作人员吴某打开了位于装置二层的放净管道阀门，硝化再分离器中的物料自拆开的法兰口处泄出，先是有白烟冒出，继而变黄、变红、变棕红。见此情形，部分人员撤离了现场。放料 2～3 分钟后，另一操作人员章某在硝化厂房的东北门外看到预洗机与硝化再分离器中间部位出现直径 1 米左右的火焰，随即和其他 4 名操作人员一起跑到东北方向 100 米外。23 时 18 分 05 秒硝化装置发生爆炸。

事故造成硝化装置殉爆，框架厂房彻底损毁，爆炸中心形成南北长度为 14.5 米、东西长度为 18 米、深为 3.2 米的椭圆状锥形大坑。爆炸造成北侧苯二胺加氢装置倒塌，南侧甲类罐区带料苯储罐（苯罐内存量为 582.9 吨，约 670 米^3，占总容积的 70.5%）爆炸破裂，苯、混二硝基苯空罐倾倒变形。爆炸后产生的冲击波造成周边建构筑物的玻璃受到不同程度损坏。

事发公司所在市委、市政府和主要领导接报后立即启动应急预案，迅速赶赴事故现场，成立现场救援指挥部，组织指挥救援工作。9 月 1 日 4 时，明火扑灭后，现场指挥部迅速组织专家认真分析、研判现场情况，制定失联人员搜救和应急处置方案，全力展开援救工作，先后调集化工、环保、消防、武警等专业技术人员 70 余人，调用消防搜救犬 9 只，24 小时不间断进行现场拆解和大范围地毯式搜寻，并组织医护、公安刑警、法医等人员进行甄别鉴定和 DNA 比对，截至 9 月 5 日 12 时，全部确定了遇难者身份。

（2）事故直接原因

车间负责人违章指挥，安排操作人员违规向地面排放硝化再分离器内含有混二硝基苯的物料，混二硝基苯在硫酸、硝酸以及硝酸分解出的二氧化氮等强氧化剂存在的条件下，自高处排向一楼水泥地面，在冲击力作用下起火燃烧，火焰炙烤附近的硝化机、预洗机等设备，使其中含有二硝基苯的物料温度升高，引发爆炸。

（3）事故间接原因

事发公司安全生产法制观念和安全意识淡漠，无视国家法律、法规，安全生产主体责任不落实，项目建设和试生产过程中存在严重的违法违规行为。

1）违法建设。该公司在取得土地、规划、住建、安监、消防、环保等相关部门审批手续之前，擅自开工建设。在环保、安监、住建等部门依法停止其建设行为后，逃避监管，不执行停止建设指令，擅自私自开工建设。

2）违规投料试车。未严格按照化工装置安全试车工作规范对事故装置进行“三查四定”（三查：查设计漏项、查工程质量及隐患、查未完工程量。四定：对检查出来的问题定任务、定人员、定时间、定措施，限期完成），未组织试车方案审查和安全条件审查，未成立试车管理组织机构，违规边施工、边建设、边试车，试车厂区违规临时居住施工人员，未严格按照相关规定开展工艺设备及管道试压、吹扫、气密、单机试车、仪表调校等试车前准备工作。

3）违章指挥。在工艺条件、安全生产条件不具备的情况下，该企业主要负责人擅自决定投料试车。首次试车时，分管负责人在装置运行温度等重要工艺指标不稳定、原因未查明、未采取有效措施的情况下，先后两次违规组织进行投料试车，严重违反化工企业

生产安全相关法律、法规和技术标准的规定。

4）强令冒险作业。在第三次投料试车紧急停车后，车间和工段负责人违反相关规定，强令操作人员卸开硝化再分离器物料排净管道法兰，打开放净阀，向地面排放含有混二硝基苯的物料。

5）安全防护措施不落实。事故装置相关配套设施未建成，安全设施设备未全部投用，投用的安全设施设备未处于正常运行状态。未按照有关安全生产法律、法规、规章和国家标准及行业标准的规定，对建设项目安全设施进行检验、检测，安全设施不能满足危险化学品生产、储存的安全要求。

6）安全管理混乱。安全生产管理机构及人员配备未达到《安全生产法》等法律、法规的要求，安全管理制度不健全，安全生产责任制不完善，从业人员未按照规定进行安全培训，未严格进行工艺、技术知识培训及相关模拟训练，没有按照要求编制规范的工艺操作法和安全操作规程，没有符合要求的操作运行记录和交接班记录。

（4）事故主要教训与警示

1）各级政府主管部门要深刻吸取同类事故教训，认真贯彻落实习近平总书记关于安全生产工作的一系列重要指示精神，牢固树立科学发展、安全发展理念，始终坚守“发展决不能以牺牲人的生命为代价”这条红线，进一步落实地方属地管理责任和企业主体责任。要针对各地区化工行业快速发展的实际，把安全生产与转方式、调结构、促发展紧密结合起来，从根本上提高安全发展水平。要研究制定相应的政策措施，增强安全监管力量，加强剧毒、易制毒、易制爆等危险化学品安全管理，强化生产、购买、销售、运输、储存、使用等环节的管控，切实防范危险化学品事故发生。

2）各级政府和负有安全监管职责的部门，要加强对辖区内危险化学品建设项目的安全管理，严把立项审批、初步设计、施工建设、试生产（运行）和竣工验收等关口，及时纠正和查处各类违法违规建设行为。建立完善公开曝光、挂牌督办、处分与行政处罚、刑事责任追究相结合的责任监督体系，对不按规定履行安全批准和项目审批、核准或备案手续擅自开工建设的，发现一处，查处一起，并依法追究有关单位和人员的责任。强化建设项目试生产环节的安全管理。督促新建危险化学品企业认真落实相关法律、法规、技术标准的各项措施要求。要将危险化学品企业试生产环节作为化工企业安全监管重点，建立和落实跟踪督查制度。

3）严格操作人员的招录条件，涉及“两重点一重大”（重点监管危险化工工艺、重点监管危险化学品和重大危险源）的企业，应招录具有高中（中专）以上文化程度的操作人员、大专以上的专业管理人员，确保从业人员的基本素质，逐步实现从化工安全相关专业毕业生中聘用。要加强化工安全从业人员在职培训，提高在职人员的专业知识、操作技能、安全管理等素质能力。要强化新就业人员在化工及化工安全知识方面的培训。对关键岗位人员要进行安全技能培训和相关模拟训练，保证从业人员具备必要的安全生产知识和岗位安全操作技能，切实增强应急处置能力。

4）化工企业要认真落实《化工（危险化学品）企业保障生产安全十条规定》，严禁违章指挥和强令他人冒险作业，严禁违章作业、违反劳动纪律。要按照《国家安全监管总局关于加强化工过程安全管理的指导意见》（安监总管三〔2013〕88 号）和有关标准规范，装备自动控制系统，对重要工艺参数进行实时监控预警，采用在线安全监控、自动检测或人工分析数据等手段，及时判断发生异常工况的根源，评估可能产生的后果，制定安全处置方案，避免因

处理不当造成事故。化工企业主要负责人要对落实本单位安全生产主体责任全面负责，要建立完善“横向到边、纵向到底”的安全生产责任体系，切实把安全生产责任落实到生产经营的每个环节、每个岗位和每名员工，真正做到安全责任到位、安全投入到位、安全培训到位、安全管理到位、应急救援到位。

5）化工企业安全生产工作中尤其需要重视防“三违”（违章指挥、违章操作、违反劳动纪律）。违章不一定出事故，出事故必是违章，违章是发生事故的起因，事故是违章导致的后果。因此，必须严格防止、杜绝以下情况的发生：企业负责人和有关管理人员法制观念淡薄，缺乏安全知识，思想上存有侥幸心理，对国家、集体的财产和人民群众的生命安全不负责任。明知不符合安全生产有关条件，仍指挥作业人员冒险作业。作业人员没有安全生产常识，不懂安全生产规章制度和操作规程，或者在知道基本安全知识的情况下，违反安全生产规章制度和操作规程，不顾国家、集体的财产和他人、自己的生命安全，擅自作业，冒险蛮干。职工上班时不知道劳动纪律，或者不遵守劳动纪律，违反劳动纪律进行冒险作业。

24. 某村级烟花爆竹生产厂重大烟花爆竹爆炸事故

2016 年 1 月 14 日 10 时 40 分，我国中原地区的某村发生一起烟花爆竹爆炸事故，造成 10 人死亡、7 人受伤，直接经济损失为 941 万元。

经调查组调查分析，认定这起事故为村级设厂的重大烟花爆竹爆炸生产安全责任事故。

（1）事故经过

2016年1月14日8时之前，在某村级烟花爆竹生产厂中，北作业区负责人朱某与4个装药工、2个配药工分别在自建的5个简易工棚中进行操作，装顶药（顶药：炸药与亮珠）操作工旁边有封口人员，装发射药操作工旁边有糊底与装箱等人员。由于场地限制，配药、装药、中转、封口、装箱等操作均在同一空间进行，相互间没有安全距离。

另一负责人李某所在的南端生产区域，只有1号仓库到南围墙之间狭窄区域，除1个配药员在1号仓库西侧外，其他操作人员均在此狭窄区域内作业，药物、半成品、未装箱的成品均堆放在此。装箱成品放入相邻1号仓库。

14日8时左右，厂区的作业人员陆续开工。10时40分，李某南侧装药棚首先发生轰爆，瞬间引发东侧相邻的两个露天作业点，以及西北相邻的露天存药处和配药棚发生爆炸，又连环引起李某1号仓库内成品发生爆炸，仓库垮塌。紧接着配药棚、装药棚相继爆炸，导致朱某堆放在2号仓库的数吨亮珠和烟花爆竹成品、半成品发生爆炸，最后又引爆北边两个装药棚，整个厂区炸毁，造成10人死亡、7人受伤。

生产场所内实有人数为30人，其中南侧13人在李某作业区，生产升空类双响礼花；北侧15人在朱某作业区，生产双响炮；另有货车司机1人和随车家属1人。28名作业人员作业类别与位置如下：

李某作业区13人中，厂区西南角装药棚内有3人，分别负责发射药、锯末纸垫装填。紧邻装药棚东侧的空地上有3人，分别负责装药、封口和杂活其他工作。再往东空地上有5人，均进行装锯

末压纸垫操作。1号仓库北墙与西围墙之间配药棚内，有一职工负责配混药，李某在1号仓库南间内。

朱某作业区15人中，两配药棚内各1人。紧邻东墙的装药棚有3人，分别负责装药、封口和装箱。2号仓库北侧两装药棚内各有4人，从南向北依次分别负责的工种为封口、糊底、装箱、装顶药（含亮珠）和发射药。朱某在北装药棚附近空地上修模具，另有一职工范某在厨房内准备做饭。

第1爆炸点为李某生产场所西南角装药棚。第1爆炸点爆炸后，瞬间引起相邻的存药处、配药棚内烟火药爆炸并导致1号仓库倒塌，引燃相邻的双响礼花，成品、半成品四处飞射，加速火焰传播。同时存药处、配药棚内烟火药爆炸后，火焰依次向北蔓延，导致2处配药棚、3处装药棚爆炸。位于朱某北侧的装药棚爆炸将厨房、住室、浴房摧毁，朱某2号成品仓库北墙向南轰倒，最后引起仓库内亮珠及成品爆炸。

根据理化检验结果和提取的现场残留原材料分析，事故中参与爆炸的有烟火药、已装药的双响成品和半成品。烟火药的主要成分为高氯酸钾、硝酸钡、硫黄、铝粉。

事故发生后，所在地县委、县政府和有关部门人员迅速赶到事故现场，启动应急预案，成立应急救援指挥部，制定救援方案，组织公安、消防、卫生、安监、供电等部门开展救援。随后，省、市有关负责人及国家安全生产监督管理总局相关人员赶赴事故现场指导抢险救援和事故调查工作。1月15日12时50分，现场搜救和清理工作结束。

（2）事故直接原因

装药工赵某在装药棚进行双响炮装发射药过程中，由于静电积

聚并瞬间释放而引发爆炸。原因分析如下：事故当天日均相对湿度为29%，日最小相对湿度为10%，气候干燥，容易产生静电积聚。装药工赵某在10时20分将东南角锯末棚外堆放的半成品（100个/捆）装完后，转移到西南角装药棚继续装药（60个/捆）。同时，另外两名操作人员也随其进入装药棚装锯末纸垫。由于未发防静电服装，赵某的普通服装易产生静电，具备产生静电的客观条件。在装药时赵某不断起身将未装药的空炮筒搬上工作台，将装药后的半成品搬下工作台或直接交给等待装锯末纸片的另两道工序职工。在重复作业中，增加了身体静电积聚与静电电压。其工作台上铺设的塑料又极易引发静电，赵某在与他人接触时增加了静电释放的机会。赵某在棚内从事装药操作，直接接触药物，在相对封闭的空气中飘浮有药物粉尘，衣服外套也带有大量药物粉尘，遇到静电意外释放，极易引发爆炸。

（3）事故间接原因

1）负责人朱某、李某非法组织生产烟花爆竹，租用不具备安全生产条件、没有资质的场所，非法购进原材料，非法组织生产、销售烟花爆竹。生产区内作业管理混乱，工棚间无安全距离，作业人员定员和药物定量未作限制，有限区域内人员密度大。原料、半成品、成品堆放过多，无防静电安全设施。作业人员无安全意识和安全技能，未经安全技能培训，缺乏必要的安全常识。

2）某公司吴某违法将不具备安全生产条件的场地租给没有资质的朱某、李某生产烟花爆竹，违法为其提供高氯酸钾、硝酸钡等原料，帮助朱某、李某协调监管检查事宜。该公司2014年以来购买使用和销售给朱某、李某的易制爆危险化学品没有到公安机关备案，生产销售的烟花爆竹没有办理《烟花爆竹运输许可证》。私自从黑市购买军工硝、军工粉等药物。公司安全管理制度不健全，长期无专职安全员，超范围生产等。

3）事发村对某公司违规新建、扩建厂房以及非法占用农用地监管不力，履行“打非”工作属地管理不力。上级镇党委、政府对该公司违规新建和扩建厂房、非法占用农用地及违反城乡规划行为监管不力，对朱某、李某非法生产烟花爆竹行为制止不力。

4）上级县安全生产监督管理局贯彻落实安全生产法律、法规、政策不力，协调安全生产领域“打非”工作不到位，对检查中发现的朱某、李某非法生产烟花爆竹行为查处制止不力。县公安局落实烟花爆竹“打非”部门责任不到位，落实上级公安机关关于加强烟花爆竹生产旺季安全生产监督管理通知不力，对公司非法生产、买卖、储存、运输易制爆危险化学品查处不力。县质监局落实烟花爆竹“打非”部门责任不到位，对朱某、李某涉嫌假冒伪劣烟花爆竹产品、假冒伪劣认证标志查处不力。

5）县委、县政府履行“党政同责、一岗双责”职责不力，组织、领导、督促相关部门落实“打非”工作职责不到位。

（4）事故主要教训与警示

1）各级政府及其各主管部门要切实加强打击非法违法制售烟花爆竹的组织，建立健全“打非治违”领导机制和工作机制，明确“打非治违”成员单位职责，安监、公安、质监、工商、交通等部门以及乡、村两级，要各司其职，信息共享，密切配合，主动作为，强化执行力，认真履行“打非治违”职责，形成强大合力，确保“打非”工作长效机制有效实施。要结合本地实际，制定切实可行的“打非”工作目标，层层签订“打非”工作目标责任书，形成一级抓一级、一级对一级负责的“打非治违”责任体系。

2）各地应结合本地区实际和旺季特点，研究制定行之有效的“打非治违”措施，组织开展全面排查检查。要充分发挥乡、村两级优势，加大排查巡查力度，重点检查闲置的厂房、院落、出租房、行政区域交界地带、集贸市场等可能从事非法生产、储存、销售烟花爆竹的场所，对重点村、重点户、重点人员，指定专人，采取包村、包户、包人等方式监督检查，及时发现并严厉打击各类非法违法生产经营活动。

3）各类烟花爆竹生产经营单位要认真汲取同类事故的教训，严格执行国家有关安全生产法律、法规、规章、标准规定，严格执行烟花爆竹、易制爆危险化学品购买备案、运输许可制度，严禁非法违法生产、购买、使用、储存烟花爆竹、易制爆危险化学品，规范企业的生产经营行为，严格落实《烟花爆竹企业保障生产安全十条规定》。

4）各类烟花爆竹的从业人员，要充分利用电视、广播等主流媒体的宣传教育，及时准确了解非法违法生产经营烟花爆竹所造成的严重危害，应知法、懂法、守法，不组织、不参与非法违法生产经营活动。同时，重点地区特别是烟花爆竹传统产区，要积极拓展安全、健康的就业渠道，防止农村剩余劳动力从事非法生产经营烟花爆竹活动。

5）静电、撞击、摩擦是烟花爆竹行业企业引发爆炸事故的“三大杀手”，其中，静电危害常常不被作业人员所重视。一部分烟花爆竹生产企业对静电危害的认识不够，防范意识普遍淡薄，防范措施流于形式，涉药机械设备直接静电接地不良、涉药工作台防静电材料和间接静电接地不合格、涉药工器具不符合强制性标准规定、危险场所入口人体静电释放装置埋地深度不够、危险场所作业人员未穿着防静电服装等隐患问题突出。烟花爆竹生产企业要定期开展涉药机械设备直接静电接地、涉药工作台防静电材料铺设和间接静电接地、涉药工器具、危险场所入口人体静电释放（指示）装置、危险场所作业人员穿着防静电服装等方面的排查和安全检测工作，重视企业从业人员的安全教育，防范静电引发的燃烧爆炸事故。

在烟花爆竹生产中，大部分生产工艺都会产生静电，操作人员穿人造纤维衣服、塑料底或橡胶底鞋操作或走路时，都会产生静电，如果不能接地把静电导走，静电就会积聚。这时如果操作人员接触不带电的烟火药，就可能发生静电放电，引起烟火药剂的燃烧或爆炸。因此，生产人员不仅要穿防静电工作服，还要穿导静电鞋袜，脚踩导静电脚垫。与烟火药接触的生产工具如瓢、勺、容器等，最好用铜、铝制品，坚决杜绝使用塑料器皿。如果使用木质或纸质制品，可在用具上缠绕一些铜或铝等金属丝，以减少静电积聚。

25. 某钢铁有限公司重大煤气中毒事故

2010 年 1 月 4 日 10 时 50 分，在某市西南约 45 公里山区的某钢铁有限公司发生重大煤气中毒事故，造成 21 人死亡、9 人受伤，直接经济损失为 980 万元。

经调查分析，这是一起企业违反项目建设有关规定开工建设，施工单位和企业未按相关安全管理规定施工、投运管理不到位而引发的重大生产安全责任事故。

（1）事故经过

发生事故的钢铁公司某炼钢分厂（以下简称事发厂）有 2 座 120 吨转炉，其中 1＃转炉及配套的 1＃、2＃风机系统于 2009 年 6

月份正式投入使用，2＃转炉正在砌炉，3＃风机系统正处于安装调试阶段。3＃风机管道由某建设公司负责施工及安装。

2009年12月23日，建设公司为工程结算，向事发厂提出割除3＃风机与2＃风机煤气入柜总管间的盲板，将3＃风机煤气管道和原煤气管道连通。2010年1月3日8时至13时，为完成炼钢车间1号天车钢丝绳更换和割除盲板作业，1＃转炉停产。8时30分左右，事发厂运转工段长王某电话通知建设公司现场负责人刘某，在1＃转炉停产期间可以进行盲板割除作业。约10时30分，在盲板切割出约500毫米×500毫米的方孔后，因有其他事故发生，建设公司施工人员随即停工。事故现场处理后，炼钢分厂副厂长武某安排当班维修工封焊3＃风机入柜煤气管道上的人孔，运转工段长王某安排当班风机房操作工李某给3＃风机管道U型水封进行注水，李某见溢流口流出水后，关闭上水阀门。1月3日13时左右，1＃转炉重新开炉生产。

1月4日上午，在1＃转炉生产的同时，2＃转炉进行砌炉作业。约10时50分，炉内砌砖的田某与在2＃转炉操作砌炉提升机的郭某通话，要求炉外的刘某按尺寸切砖，郭某让刘某到提升机小平台来取炉砖尺寸，刘某刚到提升机口突然晕倒，郭某与小平台上一起工作的另两位同事用手去拉刘某但未拉动，郭某感到头晕，同时意识到刘某可能是煤气中毒，马上用手捂住自己的鼻子并向身边的另外两人喊："有煤气，赶快离开!"并边跑边用对讲机报告调度。事发厂当班调度王某听到报告后，通知公司副总经理石某并立即组织救援，同时从各分厂向事故现场调集防毒面具组织自救。

10时52分许，当班调度王某从1＃转炉主控室赶到9.6米平台，并组织当班炉前的5名同事赶到18米平台救人，因6人均未

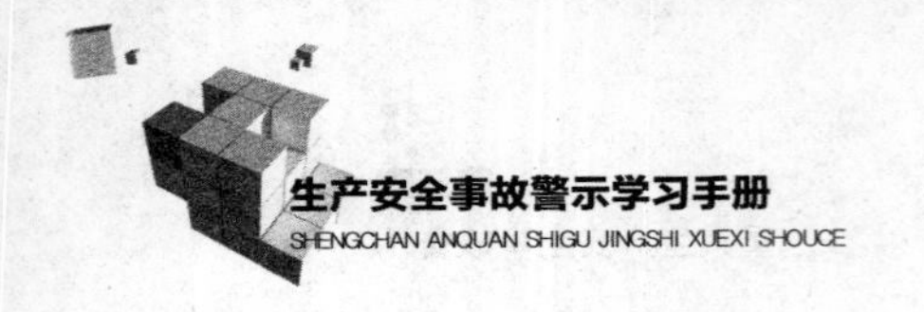

佩戴防护器具，赶到18米平台后先后晕倒，后被人救下。副总经理石某接到报告后，立即赶到事故现场组织营救，并派人从1#转炉搬来轴流风机吹散2#转炉煤气，同时通知在现场救援人员检查转炉煤气管道。检查人员到风机房后，发现3#风机管道U型水封上水阀被冻住，水封逆止阀无水，立即让当班风机房操作工申某检查管道上其他各阀门状态，同时组织人员烘烤U型水封上水阀门。申某跑到风机房北侧发现3#风机电动插板阀处于开启状态，且阀门控制箱无电，马上找电工送电后将电动插板阀关闭。U型水封上水阀烤开后，检查人员又将U型水封注满水至溢流。11时33分，煤气停止泄漏。

石某指挥事发厂安环科和公司车队调度车辆救人，并组织现场的车辆往医院运送中毒人员，约14时抢险结束。

（2）事故直接原因

在2#转炉煤气回收系统不具备使用条件的情况下，割除煤气管道中的盲板。U型水封未按图纸施工，存在设备隐患。U型水封排水阀门封闭不严，水封失效，且没有采取U型水封与其他隔断装置并用的可靠措施。

（3）事故间接原因

1）事发厂违反《工业金属管道工程施工规范》（GB 50235—2010）和《建设工程质量管理条例》的规定，在工程交接验收前，未对建设项目进行检查，没有确认工程质量是否符合施工图和国家标准规定，而且在未对项目进行验收的情况下，同意建设公司将3#风机煤气管道与主管道隔断的盲板割通，将未经验收的水封投入使用。

2）事发厂未按《建设工程项目管理规范》（GB/T 50326—2017）实施管理，与项目施工单位责权不明，项目的实施过程未完全处于受控状态。安全生产规章制度不健全，落实不到位，培训不完善，技术和操作人员安全技能低，业务知识差，指挥系统有较大的随意性。在该次煤气管道连通中，口头下达指令，人员机械执行操作指令，在U型水封补水后，未对煤气回收系统中存在的危险、有害因素进行分析和确认。

3）事发厂120吨转炉炼钢项目符合国家钢铁产业发展政策规定的准入标准，但不具备项目立项的前置条件，企业未经申报、立项违规建设。

4）3＃风机煤气管道施工完毕后，建设公司违反《工业企业煤气安全规程》（GB 6222—2005）有关规定，没有对U型水封的管道、阀门、排水器等设备进行试验和检查。没有向钢铁公司提交竣工说明书、竣工图以及验收申请，没有确认水封是否达到设计要求，未按图纸要求安装补水管路和逆止阀。

5）事发厂所在市政府有关部门、所在镇政府对事发钢铁公司安全生产监管不力，履职不到位。未认真落实国家有关安全生产法律、法规，没有及时发现该公司之前的事故瞒报。

（4）事故主要教训与警示

1）政府各有关职能部门要认真履行职责，加强建设项目管理，严格执行工程管理的有关规定和规范，要严把土地使用、环境评价、项目审批关，从源头上治理违法违规项目，加大项目建设和施工过程的监管力度，确保项目建设与施工处于受控状态。要进一步组织企业认真学习《生产安全事故报告和调查处理条例》等法律、法规，研究企业瞒报事故的深层次原因，加大对瞒报行为的责任追究力度。

2）相关建设单位要认真贯彻执行《冶金企业安全生产监督管

理规定》(国家安全生产监督管理总局令第 26 号),加强施工作业过程的质量控制和安全管理,确保冶金企业建设项目安全设施与主体工程同时设计、同时施工、同时投入生产和使用。施工单位要根据项目特点制定周密的施工方案和安全措施,在施工过程中严格按照设计图纸进行施工,验收合格后,方可移交建设单位使用。

3)针对高危企业农民工居多、安全意识差、文化程度低的突出问题,各有关企业要进一步树立安全生产主体责任意识,建立健全并严格落实安全生产各项规章制度,加强从业人员的安全教育和技能培训,提高操作人员的安全意识、操作技能和应急处置能力,提升企业本质安全水平。

4)冶金企业相关从业人员要严格执行《工业企业煤气安全规程》(GB 6222—2005)、《炼铁安全规程》(AQ 2002—2004)和《炼钢安全规程》(AQ 2001—2004)等标准规范,识别企业危险源和危险点,重视安全报警系统(如危险气体监测、报警及远程监控等)。企业相关责任人尤其要加强煤气生产、储存、输送、使用环节的安全管理,在煤气设施施工或检修作业前,绘制煤气管网图,制定文字性方案,采取可靠隔断措施。要加强交叉作业过程中的安全管理,制定并严格执行交叉作业方案,完善现有的安全设备使用维护、生产操作等规程。

第四章

较大生产安全事故警示

26. 某煤矿较大水害事故

2015 年 6 月 21 日 16 时 32 分，某煤业有限责任公司（以下简称事发煤矿）发生一起较大水害事故，造成 3 人死亡、2 人受伤，直接经济损失为 209.8 万元。

调查组通过现场勘察、调查取证、技术鉴定、综合分析，查明了事故发生的经过和原因，认定这起事故为煤矿巷道透水较大生产安全责任事故。

（1）事故经过

2015 年 6 月 21 日 14 时 30 分，事发煤矿带班安全副矿长伍某在井口主持召开二班班前会后，当班作业人员共 39 人入井。当班作业人员全部在Ⅱ采区，其分布情况为：+1 353 米首采工作面 16 人、+1 353 米东翼掘进工作面 4 人、+1 320 米西翼掘进工作面 4 人、+1 405 米探煤上山掘进工作面 6 人、绞车及挂钩工 3 人、主平硐机车运输 3 人、井下电工 1 人、带班矿长 1 人、安全员（瓦检工）1 人。

入井后，带班矿长伍某首先到达+1 405 米探煤上山掘进工作面。该工作面作业人员6人，班长周某、运输工全某在+1 385米平巷负责装运煤炭，当班输送机操作工杨某在+1 405米平巷负责开启刮板输送机，当班掘进施工人员李某、卢某、吴某在上山工作面掘进作业，作业方式为风镐落煤、掘进。带班矿长伍某检查作业区域后，与班长周某等人用工作面的风煤钻机向煤壁钻了3个2米多深的探水眼，没有发现异常情况，便嘱咐周某等人再打2个探水眼后进行巷道掘进，然后伍某离开，前往Ⅱ采区下山回采工作面进行安全检查。

带班矿长伍某离开后，班长周某等人未继续打探水眼，当班掘进施工人员李某、卢某、吴某3人用风镐在工作面正前方落煤掘进，班长周某负责打坑木顶柱对工作面进行支护。

16时30分左右，在工作面附近打顶柱的班长周某听见工作面有人喊“快跑”，伴随着掘进工作面端头煤壁的整体垮落，一股水流冲出来。正在工作面作业的掘进施工人员卢某等3个人瞬间被水流冲了下去。班长周某紧紧抱着刚打好的顶柱躲避水流的冲击，由于其处于透水点侧边，向下涌出的水流未完全淹没所处位置，得以生还。在+1 405米平巷负责开刮板输送机的输送机操作工杨某虽未受水流直接冲击，但因吸水过量、窒息而致心、肺受伤。

透水后约20分钟，水流变小，班长周某向外走，在+1 405米平巷内刮板输送机头处发现施工人员卢某和李某，相距15米处发现杨某和吴某倒在巷道内，周某发现杨某和吴某还能发出声音，便将2人的头抬高，在机头处等待救援。

运输工全某在+1 385米平巷装煤时，突然听见“轰”的一声，运输上山装煤口发生垮塌，接着一股水流冲了下来，全某立即向平巷外跑，并在水流淹没+1 385米东平巷之前经回风绕道到达主平硐内。+1 385 米东平巷与主平硐之间设置有 2 道风门，且回风绕道底板高出+1 385 米东平巷底板 1.5 米，水流在平巷内受阻，形成积水，其最大积水高度为 1.4 米。由于存在风门间隙，一部分水流从风门间隙经主平硐平稳流向井口外。经测算，本次事故透出水量为 411 米^3。

6 月 21 日 16 时 52 分，井口值班人员发现主平硐井口有水流涌出，便迅速向矿长熊某报告，熊某意识到井下发生事故，立即召集 10 多人于 16 时 59 分入井。熊某等人到达井底车场后，首先发现在平硐内等候救援的运输工全某，并发现+1 385 米东平巷入口处的风门已无法打开。熊某向全某了解事故情况后，安排身边的曹某撬开风门，自己带领救援人员经回风绕道进入+1 385 米平巷内。曹某用钢管将风门撬开，风门打开后，+1 385 米东平巷内的积水很快消退。

到达事故点后，救援人员发现进入运输上山的入口处已被水流冲下来的刮板输送机、溜槽、坑木、石块等堵实，无法进入到上山内，便在距上山入口 10 米处巷道顶板与巷道支架间开出一条通道与运输上山贯通，铺设风筒进入上山内搜寻遇险人员。

进入上山后，救援人员首先发现当班班长周某，参加救援的顾某等人将周某扶出井口。救援人员在+1 405 米刮板输送机头附近发现受伤的当班职工杨某和吴某，迅速将 2 人抬出井口并送往医院进行抢救，由于伤势过重，吴某在送往医院途中死亡。

继续搜寻至+1 405 米平巷内第二台刮板输送机头处，救援人员发现当班职工李某、卢某，2 人因受撞击、淹溺而死亡。救援人员用风袋将 2 人抬至下部平巷，装入矿车运出井口。至 6 月 21 日 24 时，事故救援工作结束，本次事故共造成 3 人死亡、2 人受伤。

（2）事故直接原因

事发矿井在设计区域之外违规布置采掘工作面，工作面处于有透水危险的老空区水体下，作业人员在未采取有效探放水措施的情况下冒险作业，揭穿老空区积水，导致发生透水事故。

（3）事故间接原因

1）非法违规组织施工。事发矿井设计Ⅱ采区位于＋1 385 米以下水平，违法在设计区域外布置上山和平巷进行采掘作业。该采区东翼＋1 385 米平巷以上煤层作为采区煤柱和防隔水煤柱，属禁止开采煤层，矿井违反规定，擅自开采防隔水煤柱。

2）蓄意隐瞒事实，逃避监管。图纸不能反映井下实际，事发煤矿的事故区域内 160 米巷道没有在矿井采掘工程平面图上标注。巷道入口处的密闭隐藏在巷道上部的接顶处，提供给监管部门的图纸无事故区域巷道入口密闭标识。

3）隐蔽致灾因素普查工作滞后。事发煤矿没有进行矿井隐蔽致灾因素普查，没有调查核实矿区范围内井下积水区、采空区情况，没有填绘矿区水文地质图，特别是对井田范围内的采空区分布及积水情况，没有查清并在图纸上标注。

4）防治水措施不落实。事发煤矿在没有查清＋1 405 米水平上部采空区分布和积水状况的情况下，没有按照设计进行探放水，由当班工人操作，使用煤电钻作业，探水眼数量不够，深度不够。

5）安全意识淡薄。事发矿井明知事故区域巷道已经接近采空区，存在积水可能，相关管理人员没有引起足够重视，在未查明上部采空区的分布及积水情况，并制定有效的安全技术措施的情况下，仍然安排人员进入事故区域实施探煤作业。从业人员安全意识淡薄，没有制止或拒绝管理人员的违章指挥行为。

6）安全教育培训不到位。事发煤矿对新招工人没有严格按规定进行岗前培训，新工人没有经过考试合格就上岗作业。

7）上级公司管理不到位。上级矿业集团公司对事发煤矿检查不到位，对上报的图纸没有进行现场核实，未督促下属煤矿将所有巷道和老空区情况及时上图，未督促编制方案，未落实水害隐蔽致灾因素普查工作。

8）安全监管不严格。集团公司的个别单位未按要求定期对煤矿开展执法检查，未按规定要求定期对事发煤矿进行井下检查，对＋1 385 米至＋1 405 米区域的采掘作业检查不力，没有按照要求开展防治水专项检查。个别监管人员到煤矿进行安全检查时，不看图纸，不查资料，不了解矿井的建设情况，没有对所有区域进行检查。

（4）事故主要教训与警示

1）地方政府及煤矿安全监管部门要认真吸取各类煤矿水害事故教训，举一反三，切实加强煤矿安全监管工作。严格落实“党政同责、一岗双责”的要求，实行有关领导下井督导检查煤矿安全工作措施和包矿责任制。强化各个部门的监管责任，加强煤矿安全监管人员的培训，充实煤矿专业技术人员，制定和严格执行安全监管执法计划，规范安全监管行为。坚决打击煤矿建设项目违规生产、生产和建设矿井图实不符、停工停产矿井私自恢复生产和建设、停产整顿和关闭的煤矿擅自组织生产等行为。加快开展矿井水害普查治理，彻底整治探放水措施不落实和应急处置不当的行为。

2）煤矿企业应建立隐患排查治理报告、公告和整改承诺制度，建立健全隐患排查治理制度，明确企业内部各层级责任、检查频次、台账、隐患认定、治理程序、重大隐患自查上报、向从业人员

通报等内容，强化企业隐患排查治理的主体责任。

3）煤矿企业要建立健全水害等隐蔽致灾因素普查和治理制度，隐蔽致灾因素普查工作如果验收不合格，坚决停止生产作业。水文地质条件不清的矿井，必须开展水文地质补充调查，进一步加强水害隐患排查工作，收集、整理大气降水、地质地貌、地表水体、老窑、采空区、周边矿井、岩溶等情况，编制并及时更新水文地质报告，准确认定矿井水文地质类型，建立并完善各类水文地质测绘图，确保内容真实可靠，并及时更新。

4）煤矿必须按要求配齐专业探放水人员和设备，严格落实“预测预报、有疑必探、先探后掘、先治后采”的防治水原则，探查清楚采掘工作面受水害威胁情况。对有水害威胁的采掘工作面和有老空区的采区，采用物探和钻探相结合的方法，精确标注水体和老空区位置，在采掘工程平面图上标注探放水警戒线。进入警戒线掘进巷道时，必须坚持“有掘必探、先探后掘”的原则，严禁使用不符合要求的钻机进行探放水。在暴雨发生时立即撤出作业人员，并且应等由此造成的影响消除后才能恢复井下作业。

5）煤矿生产经营领导至各类现场操作人员必须严格接受法律、法规规定的安全生产培训与考核，依照安全规程作业，落实《煤矿安全规程》中关于矿井防治水的要求，严防“三违”现象。企业各级人员要认识到，做好矿井防水工作是保证矿井安全生产的重要内容之一。矿井水灾是煤矿常见的主要灾害之一，危害十分严重，突然发生大量涌水时，轻则破坏生产环境或导致局部停产，重则直接危害工人生命，淹没矿井和采区造成国家财产损失。

27. 某有色金属矿山较大高处坠落事故

2015 年 3 月 11 日 21 时 30 分，某有色金属有限责任公司某铜矿井下（以下简称事发矿山）－160 米中段北沿 523 采场溜矿井－127 米井口发生一起高处坠落事故，造成 4 人死亡、1 人受伤，直接经济损失为 397.6 万元。

调查组通过现场勘察、调查取证、技术鉴定、综合分析，查明了事故发生的经过和原因，认定这起事故为非煤矿山较大生产安全责任事故。

（1）事故经过

2015 年 3 月初，事发矿山编制了北沿－160 米 523 采场斗井防护平台拆除施工安全技术交底报告，由该矿山技术员杨某作为交底人、安全员曹某作为监交人，于 3 月 10 日组织某铜矿项目部安装班班长杜某及施工人员马某、池某、陈某、汪某、赵某 6 人进行安全技术交底。

2015 年 3 月 11 日中午，事发矿山分管安全生产的副经理占某向施工的铜矿项目部安装班班长杜某布置工作任务，安排安装班下午拆除 523 采场溜矿井－127 米、－142 米井口安全平台。施工班 16 时进行拆除施工，当班安装班下井从事拆除作业的人员为班长杜某和施工人员马某、池某、陈某、汪某、赵某 6 人。在入井途中，杜某强调要先检查作业点周边顶、帮是否有松动的石头，敲帮问顶后再进行拆除施工。

杜某等人入井后，先到－160 米中段 523 采场二分层沿脉平巷处拆除溜矿井－142 米井口安全防护平台，然后到三分层沿脉平巷

拆除溜矿井－127米井口安全防护平台。到达－127米井口入口联络巷处后，杜某等人先对井口外围联络巷处的巷道顶、帮进行检查，发现顶板岩石有明显裂缝，即指挥现场5人对该处顶板进行撬毛排险。由于井口联络巷堆积有以往爆落的岩碴，在第一轮排险时，有少量顶板撬落石块滚落于平台面铺设的竹跳板上。于是杜某指挥作业人员将安全防护平台面上最内侧的第二块竹跳板移开，使安全防护平台面上形成一个长形缺口，将滚落至平台面上的部分石块从该缺口丢入井底，然后进行第二轮排险。在第二轮撬毛排险时，顶板撬落石块滚落至安全防护平台上，其中一个大石块约300千克，滚落至安全防护平台面竹跳板边缘处。第二轮顶板排险处理结束后，杜某等6人全部到安全防护平台面上，其中3人将小石块从打开的缺口丢到井下，另3人合力将平台边缘的大石块向平台里侧的缺口处翻滚搬移，准备将该大石块推入井底。就在3人合力推移大石块时，安全防护平台的右端突然向下坍塌，安全防护平台竹跳板急剧倾斜，班长杜某和施工人员马某、池某、陈某、汪某5人瞬间坠落井底，施工人员赵某侥幸爬上井沿。

唯一当事人赵某对事故发生的具体时间记忆模糊。经综合分析认定，事故发生时间为2015年3月11日21时30分。事故发生时赵某站于平台面上最左侧位置，平台面坍塌导致其向左侧井壁边帮方向摔倒。赵某奋力爬上井沿，赶紧向巡查至－127米分层沿脉平巷的占某报告事故情况，占某立即打电话向项目部经理吴某报告情况，并组织人员赶往－142米井口施救。吴某接到事故报告后，立即带领有关人员赶往井下组织施救工作。随后，事发矿山救护队员赶到，将遇险的5人先后抬出溜矿井，送往市人民医院抢救。由于杜某和施工人员马某、池某、陈某4人伤势过重，经抢救无效死亡，死亡原因为高处坠落伤，施工人员汪某因受伤住院治疗。

（2）事故直接原因

溜矿井井口安全防护平台没有按照设计要求施工，防护平台搭建不稳固，拆除防护平台作业人员违章冒险施工作业，多人同时在平台上搬移大石块，平台承受荷载较大，加上搬移大石块作业时产生冲击性动压作用，导致溜矿井井口右侧支撑防护平台的一根工字钢托梁前端从井壁滑脱，造成防护平台失去支托而急剧倾斜坍塌。作业人员未系挂安全带，违章操作，致使 5 人坠落井底。

事故直接原因分析如下：

1）井口安全防护平台没有按照设计要求建设施工。发生事故的－160 米中段北沿 523 采场溜矿井－127 米井口安全防护平台设计为四根 11＃矿用工字钢托梁平行平面支设，而实际施工时只搭设了两根工字钢托梁。由于井口一侧井壁在掘进施工时未设井沿平台，在搭设该处井口安全防护平台时，承重托梁一端没有稳固的搭搁支撑点，也未开凿支撑孔槽，均搭搁于垂直井壁的凸点处。其中左侧托梁搭搁于井壁凸出支撑点上，井壁凸出宽度约 100 毫米，搭搁状态相对稳固。右侧托梁搭搁于垂直井壁处稍有凸出的斜突面处，搭搁状态极不稳固。

2）拆除井口安全防护平台作业人员没有系挂安全带，违章冒险施工作业。拆除－127 米井口防护平台当班作业人员缺乏基本的安全防护意识，违反有关法律、法规和安全操作规程的规定。拆除施工过程中，6 名作业人员都没有系挂安全带，违章冒险作业，以致在井口防护平台突然坍塌时，因没有个人安全保护措施而坠落井下。

（3）事故间接原因

1）施工单位安全生产主体责任落实不到位，安全生产教育培训不扎实，针对性、有效性不强。现场作业人员安全意识薄弱，没有系挂安全带违章作业，缺乏基本的自我安全保护常识。现场生产安全管理不到位，对施工人员没有按设计要求搭建安全防护平台的问题，没有认真检查、及时发现、及时纠正。现场生产安全督促不力，对拆除防护平台的施工作业人员没有系挂安全带、违章作业的行为没有及时制止。

2）事发矿山安全教育培训和安全检查落实不到位。对外包施工队伍的安全管理不到位，以包代管。项目部领导层安全责任意识不强，隐患排查不及时，技术管理人员对安全防护平台施工质量验收把关不严。

3）事发矿山上级集团公司对外包建设工程项目安全生产监管不严，隐患排查不到位，安全技术交底针对性不强。没有认真执行和落实《非煤矿山外包工程安全管理暂行办法》（2015 年国家安全生产监督管理总局令第 78 号修正）等规定，对外包建设工程项目危险辨识和风险防范措施落实不力，没有严格督促外包建设工程项目作业人员按照安全措施、操作规程、技术规范的规定进行作业，外委作业细节安全监管缺失，没有采取有效措施杜绝不安全行为的发生。没有深刻汲取同类事故的教训，履行安全生产责任不力。

4）当地安全生产监督管理部门督促所辖非煤矿山落实安全生产责任不力，监督落实事故隐患排查整改工作不细致，对辖区多次发生生产安全事故、外包工程连续两年发生较大事故的问题重视不够，监管对策针对性不强。督促企业汲取事故教训力度不大，督促企业整改的效果不明显。

（4）事故主要教训与警示

1）非煤矿山安全生产监督管理部门要吸取事故教训，始终坚守“发展决不能以牺牲人的生命为代价”这条红线，结合本地实际，突出产业发展特点，拿出切实有效的办法，严格落实“党政同责、一岗双责、齐抓共管”和“管行业必须管安全、管业务必须管安全、管生产必须管安全”的安全生产责任体系，形成齐抓共管的局面，确保对非煤矿山安全生产工作形成坚强有力的领导、全面细致的监管，确保安全生产工作的法律、法规在企业得到扎实有效的落实。

2）要把隐患排查治理作为企业防范事故的根本措施来抓，不断完善隐患排查“两化体系”建设，运用现代化手段，监督企业落实隐患排查治理制度。坚决对企业存在的事故隐患实行“零容忍”，依法坚决严惩重罚安全生产违法违规行为，督促从业人员转变观念、改变习惯，自觉做好隐患排查治理工作，形成“自查自改隐患、自求自保安全”的良好风气。

3）要加强对外包工程安全管理工作的监督，督促外包方与承包方、总承包与分包方签订规范的安全责任协议，明确安全培训、安全检查、劳动防护、事故防范的责任，制定工程安全管理和监督制度，落实生产安全管控措施。发包单位在签订工程施工合同之前，要认真审查承包单位的安全生产许可证和相应资质，审查项目部的安全生产管理机构是否建立、规章制度和操作规程是否完善、主要设备设施是否合格、安全教育培训是否到位、管理和作业人员是否持有证照等，防范不具备安全资质和管理能力的“临时班子”违法承建工程。事故相关单位要深刻吸取事故教训，血的教训不能再用血来验证。

4）非煤矿山企业应深入进行各类安全检查，要紧盯企业安全生产工作中存在的新情况、新问题，认真研究安全生产工作的特点和规律，加强对策研究，提出有针对性、得力管用的推动企业落实法律、法规、改善安全生产条件的办法和措施。要开动脑筋，转变观念，综合运用目标考核、督促检查、打非治违、隐患治理、专项行动、责任追究等各种手段，扭转非煤矿山企业内部管理不严格、安全培训走过场、安全意识淡薄、违章操作、违规施工等问题。对外包的基建工程不按设计施工、工程安全管理失控等屡禁不止的老大难问题，要集中力量、专项整治、坚决纠正。

5）建筑施工的高处坠落事故在施工现场最常见，也是位列建筑施工“四大伤害”之首，登高作业人员从临边、洞口等处坠落，轻则受伤，重则丧命。安全带是用来保护高空及高处作业人员人身安全的重要防护用品之一，正确使用安全带是防止现场高空作业人员高空跌落伤亡，保证人身安全的重要措施之一，因此了解安全带的作用并严格按规定正确使用安全带，对保护登高作业人员人身安全具有十分重要的意义。

28. 某医药化工有限公司较大爆燃事故

2017年1月3日8时50分许，位于某市化学原料药基地临海工业园区的某医药化工有限公司（以下简称事发公司）C4车间发生爆炸燃烧事故，造成3人死亡，直接经济损失为400多万元。

经调查组调查分析，认定这起事故为医药化工企业较大爆炸燃烧生产安全责任事故。

（1）事故经过

事故发生在C4车间生产DDH（潘生丁二氯物）的环合反应釜。DDH以草酸二乙酯为起始物料，经过缩合工序制得草酰乙酸二乙酯甲苯溶液，再经环合、硝化、加氢还原、氯化、缩合等工序得到成品。发生事故的环合反应具体工艺如下：反应釜中投入缩合物草酰乙酸二乙酯甲苯溶液和尿素，冷却至20～25℃，滴加硫酸，保温2小时，升温至60～68℃，保温反应至终点（保温5小时）。减压浓缩回收甲苯，加入10%碱液中和至中性，过滤后的滤饼（主要成分为乳清酸）加入水和氢氧化钠，于60～63℃保温反应1小时，冷却至常温，滴加30%盐酸中和反应至pH值为1～2，酸化反应2小时，得到最终反应产物。本次事故发生在减压浓缩回收甲苯初期，该工序不涉及重点监管危险化工工艺，仅涉及重点监管危险化学品甲苯。

上一班员工由于已经工作24小时，身体疲劳，在岗位上打瞌睡，错过了投料时间，本应在23时左右投料（平时都是23时左右投料），而当天却在凌晨4时左右投料，滴加浓硫酸，并在20～25℃保温2小时后，交接给下一班（白天班）。下一班员工未进行升温至60～68℃并保温5小时的操作，就直接开始减压蒸馏，20多分钟后，发现没有甲苯蒸出，操作工继续加大蒸汽量（使用蒸汽旁路通道，主通道自动切断装置失去作用），约半小时后（即8时50分左右）发生爆燃。

（2）事故直接原因

开始减压蒸馏时甲苯未蒸出，当班员工擅自加大蒸汽开量且违规使用蒸汽旁路通道，致使主通道气动阀门自动切断装置失去作用。蒸汽开量过大，外加未反应原料继续反应放热，釜内温度不断

上升，并超过反应产物（含乳清酸）分解温度105℃。反应产物（含乳清酸）急剧分解放热，体系压力、温度迅速上升，最终导致反应釜超压爆炸。

（3）事故间接原因

1）事发公司对蒸汽旁通阀管控不到位，既未采取加锁等杜绝使用措施，也未在旁通阀上设置警示标志，在当班员工违规使用蒸汽旁路通道时，未能发现并纠正，致使反应釜温度和蒸汽联锁切断装置失去作用。

2）事发公司未对DDH生产工艺进行风险论证，不了解环合反应产物温度达到105℃会剧烈分解，反应釜内压力会急剧上升。对生产工艺关键节点控制不到位，批准使用的环合反应安全操作规程未能细化浓缩蒸馏操作，未规定操作复合程序，且操作规程部分内容与设计工艺实际操作内容不相符，编写存在错误，规程操作性差。

3）事发公司未有效落实安全生产责任制、岗位责任制和领导干部带班（值班）制度，对生产工艺流程缺乏有效监管，对夜班工人睡岗现象失察失管，致使错过投料时间。对从业人员安全意识、责任风险意识教育培训不到位，致使车间操作工人习惯性违反操作规程、变更生产工艺流程。

4）某石油化工规划设计院有限公司在设计事发公司DDH技改项目环合反应加热方式时，未对所设计项目进行必要的安全认证，也未开展项目风险研究或要求提供第三方风险研究结论，设计采用蒸汽加热方式，导致项目设计存在本质安全隐患。

5）事发化工园区管委会安全生产属地监管重视不够，在与其他行政区合署办公后，未落实化工园区安全生产分管领导，未专门设立化工园区安全生产工作机构，致使化工园区安全生产行政管理体系不完善，安全管理弱化。化工园区安全监管工作推进不力，隐患排查不彻底，影响较大的生产安全事故屡有发生。

（4）事故主要教训与警示

1）化工园区管委会应当进一步重视安全生产监管工作，根据实际需要配置配强安全生产分管领导，切实改变工业园区管委会安全生产无行政分管领导局面。应建立化工园区安全生产监督管理行政部门，按专业监管人员配比不少于在职人员75%的要求，强化危险化学品安全监管队伍建设，切实承担起园区安全生产监管任务。要解决安全监管执法人员无证问题，着力推进管委会安全生产监管执法规范化建设，努力提升基层安全生产监管能力水平。

2）医药化工企业要特别重视关键岗位、危险岗位作业人员的教育培训，加强岗位培训的考核力度，努力提升作业人员岗位操作技能。要教育广大作业人员务必树立起“不伤害自己、不伤害他人、不被他人伤害”的安全责任意识，对安全培训不合格或安全责任意识不到位的员工，要坚决不予上岗作业。公司、车间要严格落实岗位责任制，严格执行安全生产规章制度，加强对班组作业人员执行劳动纪律、作业规程的抽查、检查，全力消除违章指挥和违规作业现象。

3）化工行业特别是精细化工企业，要高度重视化工工艺反应温度、分解温度、绝热温升、失控温度、最大允许压力（安全阀、爆破片的设定压力）等安全核心数据的采集，为生产工艺流程编写提供安全保障。高度重视分离、蒸馏、干燥等化工单元操作的危险性，加强操作人员风险教育。高度重视未列入危险化学品名录的新品种和中间体的物性特征分析，确保科学管理、安全使用。高度重视生产工艺本质安全设计，严格设计单位准入，严把审批关，坚决杜绝设计能力差、技术薄弱的中介服务机构开展化工项目设计业务。要加大安全投入，各个生产步骤和生产环节必须要有安全科学的管控措施或安全设计，杜绝给员工犯错的机会。

4）企业要认真开展事故警示教育，提高干部、职工的安全生产法制意识和责任意识，提高发现险情、遇险逃生和自救互救的能力。同时，要加大宣传力度，充分发挥工会和职工的监督作用，及时举报和曝光各类重大安全隐患、非法违法行为，实现安全生产工作群防群治。

5）反应釜和蒸馏釜（包括精馏釜）是化学工业中最常用的设备之一，也是危险性较大、容易发生泄漏和火灾爆炸事故的设备，由于釜内常常装有有毒有害的危险化学品，事故后果较一般爆炸事故更为严重。许多化学反应，如氧化、氯化、硝化、聚合等均为强放热反应，若反应失控或突遇停电、停水，造成反应热蓄积，反应釜内温度急剧升高、压力增大，超过其耐压能力，会导致容器破裂。物料从破裂处喷出，可能引起火灾爆炸事故。

避免反应釜、蒸馏釜发生火灾爆炸事故，除了要加强安全教育培训和现场安全管理、加强设备的维修保养、防止形成爆炸性混合物、及时清理设备管路内的结垢、控制好进出料流速、使用防爆电气设备并良好接地外，还要严格按安全操作规程和岗位操作安全规程操作。蒸馏操作中要严格控制温度、压力、进料量、回流比等工艺参数，通蒸汽加热时阀门开启度要适宜，防止过大过猛使物料急剧蒸发，系统内压剧升。要时刻注意保持蒸馏系统的设备管道畅通，防止阀门堵塞引起压力升高而造成危险。要避免低沸物和水进入高温蒸馏系统，高温蒸馏系统开车前必须将釜、塔及附属设备内的冷凝水放尽，以防其突然接触高温物料发生瞬间汽化增压而导致喷料或爆炸。

29. 某施工工地较大触电事故

2015 年 10 月 21 日 10 时 30 分，某大型通信公司下属分公司（以下简称通信分公司）的外包施工单位某联营公司（以下简称事发公司），在某市的滨海新区管委会某山村委会农田光纤线路外包施工工地作业过程中，发生触电事故，造成 3 人死亡，直接经济损失约 160 万元。

经调查认定，这起较大触电事故是一起生产安全责任事故。

（1）事故经过

2014 年，事发公司通过投标的方式获得“2014 年管道、线路、设备工程”，并于 2014 年 7 月 22 日与通信分公司签订了《2014 年管道、线路、设备工程施工框架合同》，有效期至本项目下一年度采购结果公布之日止，事故发生时通信分公司尚未公布 2015 年度该项目采购结果，故该合同有效。涉事工程为基站光缆工程，属于框架合同内的施工项目，事发公司将项目分包给某施工单位，施工单位使用事发公司名义进行施工，监理单位为某邮电咨询监理有限公司，设计单位为某电信规划设计院有限公司。通信分公司于 2015 年 9 月 19 日向事发公司下达《任务通知书》，《任务通知书》要求 2015 年 10 月 1 日前完成施工。由于在施工过程中遇到当地村民的阻挠，此项工程于 10 月 17 日进场施工，雇请潘某的施工队进行施工。经调查，该施工队并不具备通信工程施工资质。

2015 年 10 月 21 日 7 时许，包工头潘某带领由村民组成的施工

队伍进入事故地点进行架空光缆施工作业。施工队分两组分别进行，两组间相距约几百米，施工点工作面农田中有积水。第一组由潘某带领，共 7 人，负责拉钢绞线。第二组由潘某堂弟带领，共 4 人，负责整理光缆和放线。事发前，潘某安排龙某负责准备午饭。

事故是在第一组拉钢绞线施工过程中发生的。事故发生前，潘某等人按先后排列队形在农田中一起合力拉钢绞线。10 时许，潘某某共 5 人按先后排列队形一起拉钢绞线，另有一名村名在现场田埂上，但没有参与拉钢绞线，当潘某堂弟在线杆上端准备搭架钢绞线时，施工人员未按架空光缆施工规范进行施工，且未按施工安全防护要求配置必要的安全防护工具，导致在拉动钢绞线时，钢绞线与电力电缆发生摩擦，破损后导电，潘某堂弟被电击，顺着线杆滑落到田埂上，此时，包括潘某共 4 人也被电击倒在杂草丛生的水田中，一起拉钢绞线的李某因站在相对干燥的田埂上而没有被电伤。

事故发生后，施工队员巫某立即拨打了 120 电话求救，同时其他施工队员开展自救，对触电的 4 名人员采用按人中穴、胸外心脏按压、人工呼吸等方式进行施救，潘某当场醒来，其堂弟等 3 人经施救一直不醒。10 时 30 分许，当地中心卫生院的医护人员到达现场，经抢救后证实 3 人已经死亡，而后，由医护人员拨打 110 报警。

接到事故报告后，市政府立即启动生产安全应急预案，市政府领导指示市安监、经信等部门第一时间赶赴事故现场组织指挥应急处置工作，滨海新区管委会及相关部门、镇政府有关领导赶赴事故现场进行应急处置工作。

（2）事故直接原因

1）违章作业、违反施工规范。在布放钢绞线时，施工人员未按架空光缆施工规范进行施工，且未按施工安全防护要求配置必要的安全防护工具，导致钢绞线在拉动时与电力电缆发生摩擦，破损后接触导电，从而发生触电事故。

2）个体劳动防护用品缺失。施工前，潘某仅向施工队员每人提供一副棉手套，赤脚在湿滑的工作面上作业，连基本的绝缘手套、绝缘胶鞋、安全帽等防护用品都未配发，不但造成施工队员被电击，更阻碍了其他施工队员实施救援行动。

（3）事故间接原因

1）施工队擅自变更施工路由，未对施工队员进行施工和安全教育培训。施工队开工前未通知建设单位或监理代表到场监管，私自开工，且实际施工路由与技术路由存在很大偏差，在没有告知施工单位或监理单位，没有进行任何设计变更手续的情况下，擅自改变施工路由进行施工。施工队负责人未对该队施工队员进行必要的施工和安全培训，施工队员也未接受过其他正规岗前技能培训和相关安全施工培训，导致施工队员对施工作业过程中存在的危险因素没有基本认知。

2）承包项目的公司对施工管理不到位，安全生产主体责任不落实。该公司借用事发公司名义，通过伪造相关资质材料（公司负责人伪造事发公司的社保证明和安全员证），以投标的方式获得通信分公司的框架合同，再将框架合同内的工程分包给不具备施工资质的施工队（潘某施工队）进行施工。未对施工现场进行复勘，对施工队管理不到位，未对施工队员进行必要的施工和安全培训，对施工队擅自改变施工路由、违章作业和施工安全措施不到位未加以制止，未督促施工队按要求佩戴劳动防护用品。且该公司安全生产主体责任不落实，未建立安全生产责任制，未制定安全生产管理制

度和操作规程等安全管理制度。

3）监理公司监理不到位，对其监理的工程只是每天电话核实施工进度，未能按有关规范及监理合同履行必要的监理职责。该公司虽未收到施工单位的书面开工通知书，但已得知施工工程开工并受阻，仍然没有安排现场监理跟进协调，未对施工现场进行复勘，导致未发现施工现场存在的安全事故隐患以及设计图纸与现场实际施工路由不一致的情况。

4）通信分公司管理不到位，在日常组织管理施工单位、监理单位、设计单位过程存在漏洞，对施工单位、监理单位安全教育培训力度不够，对外包施工单位和监理单位统一安全管理协调不到位，该公司在施工单位签收任务通知书后不及时跟进工程施工进度，未及时派人员到施工现场跟进协调。

5）事发公司管理不到位，在明知承包单位没有施工资质的情况下，仍与其签订合作协议，协议到期之后仍默许其合作行为，发现承包公司制作的招投标文件资料中存在伪造的相关资质资料时，并未加以制止，纵容其使用该公司的名义进行招投标，获得框架合同。

（4）事故主要教训与警示

1）目前，工业和信息化主管部门的相关行政管理权责暂未拓展到地市一级，只在各地成立通信建设管理办公室作为协调各电信运营企业基础设施共建共享的机构。随着宽带网络和4G覆盖逐渐向农村延伸，目前这种管理和服务架构在安全管理上存在监管缺失。因此，各有关部门应当主动承担起关系到生产安全的一些重要监督管理工作职责。

2）电信运营商和通信企业、电力公司要深刻吸取此类事故的教训，举一反三，针对问题开展自查，尤其是要加强对通信建设工程安全生产管理力度，建立完善的通信建设工程安全生产管理制度，建立生产安全事故应急预案，设立安全生产管理机构并确定责任人。在通信建设工程开工前，要落实保证安全生产的措施，进行全面系统的布置，明确相关单位的安全生产责任。

3）各类通信公司要建立安全生产责任制，建立安全生产规章制度和操作规程等安全管理制度，强化安全生产宣传教育，全面提升企业安全生产管理水平，尤其要建立对外包工程管理的制度，杜绝聘用不具备施工资质的施工队，加大对外包施工队的安全管理力度，完善对外包施工队的安全教育管理工作，坚决杜绝违章作业、不按技术规范要求施工、不按要求配发劳动保护用品等行为的发生。

4）施工监理公司要进一步健全监理和安全制度，严格按照监理规范和监理合同履行监理职责，要严格按照国家相关法律、法规及规定开展监理工作，坚决杜绝因监理不到位而引发的事故。

5）架空光缆敷设施工必须严格按照施工操作规范的要求进行，光缆与电力线垂直或交叉跨越必须进行绝缘光缆保护，绝缘长度应超过电力线交叉跨越两端跨度 1.5 米以上，当与电力线垂直净距达不到规定要求，且缆线到地距离达不到 3.5 米时应该为直埋通过。跨越电力线敷设光缆时，严禁将光缆吊线从电力线上方抛过，必须在电力线两侧树立电杆并装上滑轮装置，以干燥绳索做成环形，将光缆吊线缚在环形绳套内，牵动绳索使光缆吊线徐徐通过，绳索距电力线至少 2 米，牵动绳索时光缆吊线不应过松，以免下垂触及电力线；也可在跨越电力线处做安全保护架，将电力线罩住，施工完毕后再拆除。

6）架空光缆架设时，必须经有关部门批准，采用线路暂时停电或其他可靠的安全技术措施，并应有电气工程技术人员和专职安全人员监护。施工光缆与外电线路之间的安全距离应不小于国家标准所列的数值，且对外电线路的隔离防护应达到 IP30 级。当以上防护措施无法实现时，必须与有关部门协商，采取停电、迁移外电线路或改变工程位置等措施，未采取上述措施的严禁施工。施工人员必须掌握必要的电气知识，并经考试合格后持证上岗，在准许的工作范围内作业，按规定正确佩戴个人防护用品，使用和保管专用工具。

30. 某酒业有限公司较大窒息事故

2016 年 10 月 15 日 9 时 50 分，某市某酒业有限公司（以下简称事发酒业公司）在清理储酒池过程中发生一起较大窒息事故，造成 3 人死亡，直接经济损失约 160 万元。

经调查认定这起较大窒息事故是一起生产安全责任事故。

（1）事故经过

事发酒业公司的室内压榨机作为分离酒糟和黄酒原浆的设备，压滤出的酒浆通过管道可选择排入 4 个地下储酒池中任意一个临时存放，等待下道工序。储酒池位于简易综合生产厂房内中部的东北侧，共有 4 个，东、西各 2 个。该简易综合厂房未配备强制通风设施，储酒池口也未设置强制通风风机，地面靠墙放置一个 1.6 米高的铝合金人字梯，用于清理人员临时上下。事故发生在东南角的储酒池内，该储酒池位于室内地坪以下，长为 3 米，宽为 2.4 米，深为 1.5 米，采用钢筋混凝土结构，内表面涂覆玻璃钢防渗，顶部中央有 0.8 米×0.8 米的方形孔，有高出地面 10 厘米的边沿，平时采用不锈钢盖板盖住。事发时，储酒池内有约 8 厘米深的黄浆水，水色浑浊。

2016 年 10 月 15 日 7 时，事发酒业公司质检科科长毛某（法定代表人儿媳）安排顾某（员工）贴酒瓶标签，安排陆某、范某 2 名员工将滤布安装到过滤酒糟的压榨机上。8 时左右，毛某组织陆某、范某和她一起清理储酒池。9 时 30 分左右，顾某没有听到毛某等人干活、说话的声音，就跑到储酒池旁，看到毛某等 3 人躺在东南角储酒池内一动不动，就赶紧跑到外面喊人。生技科科长王某（法定代表人儿子）从床上被喊醒，赶到事故现场后发现无法施救，就到厂区大门外喊人施救，同时拨打 110 和 120 电话报警求助。之后，王某下到储酒池，在众人帮助下，把 3 名遇险人员救上来，分别对他们采取人工呼吸等急救措施。

救护车随后将 3 名遇险人员送至市人民医院，3 人经抢救无效死亡。

（2）事故直接原因

事发酒业公司的储酒池存在渗漏，空池时地下水及少量黄酒反渗入储酒池内形成黄浆水，黄浆水中含有酒精等有机物及菌类。在菌类的作用下，酒精等有机物逐渐分解为二氧化碳和水，此过程中消耗了空气中的氧气，又使二氧化碳进一步富集，沉积在储酒池底部，致使储酒池内存在高浓度二氧化碳。

清洗作业人员在作业前未对储酒池进行通风和检测，在未采取任何防护措施的情况下，开盖后直接进入沉积大量高浓度二氧化碳的储酒池内作业，导致窒息死亡，是造成本起事故的直接原因。

（3）事故间接原因

1）事发酒业公司法定代表人未履行安全生产法定职责，未组织制定本公司安全生产规章制度和有限空间作业安全操作规程，安全检查和培训工作不到位，隐患排查治理未能有效开展，导致员工安全意识不强，缺乏应急处置能力。

2）事发酒业公司通风设施不完善，没有对进入有限空间作业的员工配备气体检测报警仪等劳动防护用品和器材。

3）该市市场监督管理局对该企业未取得《食品生产许可证》就生产的违法行为未及时发现和查处。安全生产监督管理局综合安全监管不到位，对有限空间作业隐患排查和整治不到位。规划建设环保局对企业未取得环保部门合法审批手续就生产的违法行为未及时发现和查处。综合执法局未根据要求，与规划建设环保局共同做好联合执法工作，履职不到位。

（4）事故主要教训与警示

1）要加强安全基础工作，强化安全监管机构规范化建设，按照各地方有关文件要求，配齐配强安全监管人员，配备必要的执法装备，加强安全监管人员素质培训，全面提升安全生产履职能力和管理水平。

2）各相关企事业单位要通过此类事故案例，加大宣传教育和培训力度，组织开展有限空间作业专题安全培训，大力宣传有限空间作业安全知识和应急处置知识。企业进一步加强培训工作的同时，要确保安全管理人员熟知并严格落实有限空间作业有关规定，确保作业人员掌握有限空间作业安全知识和应急救援方法。

3）企业要深刻吸取此类有限空间窒息事故教训，举一反三，组织开展有限空间作业安全生产管理，彻底摸清有限空间作业企业底数并建立安全监管工作台账。企业要落实有关规定要求，建立健全有限空间作业审批、通风检测、现场管理、专项安全教育培训等制度和各项安全操作规程，严禁未经许可擅自进入有限空间作业和盲目施救。

4）有限空间是指封闭或部分封闭，进出口较为狭窄有限，未被设计为固定工作场所，自然通风不良，易造成有毒有害、易燃易爆物质积聚或氧含量不足的空间。

有限空间容易积聚高浓度的有毒有害物质，这些物质可以是原来就存在于有限空间内的，也可以是作业过程中逐渐积聚的。例如，清理、疏通下水道、粪便池、窑井、污水池、地窖等作业容易产生硫化氢；在市政建设、道路施工时，损坏煤气管道，煤气渗透到有限空间内或附近民居内，以及在设备检修时，设备内残留的一氧化碳泄漏，将造成一氧化碳积聚；在有限空间内进行防腐涂层作业时，涂料中含有的苯、甲苯、二甲苯等有机溶剂挥发，造成有毒物质的浓度逐步增高；空气中氧浓度过低会引起缺氧；由于二氧化碳比空气重，在长期通风不良的各种矿井、地窖、船舱、冷库等场所内部，二氧化碳易挤占空间，造成氧气浓度低，引发缺氧等。

工业上常用惰性气体（氩气、氦气等）、氮气、水蒸气等对反应釜、储罐、钢瓶等容器进行冲洗，容器内残留的气体过多，当工人进入时，容易发生单纯性缺氧或窒息。另外，甲烷、丙烷也可导致缺氧或窒息。如空气中存在易燃、易爆物质，浓度过高遇火会引起爆炸或燃烧。

进入有限空间作业现场前，应做好以下主要安全防护措施：要详细了解现场情况和以往事故情况，并有针对性地准备检测与防护器材；进入作业现场后，首先对有限空间进行氧气、可燃气、硫化

氢、一氧化碳等气体检测，确认安全后方可进入；对作业面可能存在的电、高/低温及危害物质进行有效隔离；通风换气；进入有限空间时，应正确佩戴隔离式空气呼吸器、氧气报警器和过滤式空气呼吸器；进入有限空间时，应携带有效的通信工具，系安全绳；配备监护员和应急救援人员；严格安全管理，落实作业许可。